碳淨零
規劃管理全面指南
從理論到實踐，全面掌握碳淨零策略

推薦序

面對全球氣候變遷所帶來挑戰，ESG 永續轉型、低碳淨零實踐是現今非常熱門的議題。中華電信身為電信業者，我們深知科技發展與永續發展之間的緊密聯繫。隨著全球邁向碳淨零的目標，中華電信業做為關鍵基礎設施的提供者，肩負著重大責任。我們不僅要確保網路的穩定營運與發展，更透過自身實踐永續低碳轉型，為地球的未來貢獻力量。

《碳淨零規劃管理全面指南》是每一位致力於碳減排與永續發展的專業人士必備的參考書籍。書中詳盡介紹碳淨零的各項原則、方法及實踐策略，並結合具體的實務案例，讓讀者能夠將這些知識應用於實際工作中。這些實務案例的結合，不僅豐富了書中的理論，還使其在實際操作中更具指導性。

身為台中營運處的總經理，我深刻體會到碳淨零的重要性和緊迫性。我們在營運中不僅重視業務增長，更積極推動環境永續發展。我相信，這本書將成為管理者在制定碳減排策略和實施碳管理系統時的寶貴指引。

在這本書中，作者將多年來的專業經驗與學術知識相結合，為我們提供一條清晰而可行的碳淨零實踐之路。我誠摯推薦這本書給所有希望在碳淨零規劃與管理上做出貢獻的專業人士。這本書不僅是一座知識的寶庫，更是一位實踐的導師，將幫助我們在邁向碳淨零的道路上取得實質性進展。

讓我們攜手共進，以實際行動共築一個更加永續的未來。

中華電信台中營運處總經理

李嘉興

推薦序

因應全球氣候變遷,「淨零轉型」已成為各國政府、企業界及社會大眾關注的重要議題,而碳淨零(Net Zero Carbon)則是面對氣候變遷、實現環境永續的關鍵策略。為呼應全球淨零趨勢,國家發展委員會於 2022 年 3 月正式公布「臺灣 2050 淨零排放路徑及策略總説明」,就能源、產業、生活轉型制定行動計畫,以促進關鍵領域之技術、研究與創新,引導產業綠色轉型,落實淨零轉型目標,打造具競爭力、循環永續、韌性且安全的臺灣。

碳淨零代表著一種新的經濟模式與社會運作方式,讓我們重新審視生產及消費的方式,要求政府、企業與個人共同承擔環境永續責任,朝著可持續發展的目標邁進。要實現碳淨零目標,除了技術創新外,更需要完善的制度規劃與管理策略。這些策略不僅要達成減少碳排放(碳足跡與碳排放計算、碳捕捉與封存、碳抵消及碳信用等)的目標,更需涵蓋政策法規面、碳管理體系、碳管理工具與資源等面相與內容。有鑑於碳淨零概念對於當代及未來社會的深遠影響,本書《碳淨零規劃管理全面指南》的出版為廣大讀者提供了一個深入理解碳淨零規劃與管理的框架,有助於培養更多具備環境永續意識的專業人才,並能夠在日常生活及工作中實踐這些理念。

『一封 e-mail 連結十幾年前師生情』,毓仁是個人在國立嘉義大學任教時的導生,後來畢業於國立臺灣科技大學電機工程系,並續就讀同校建築研究所碩士班,主修「智慧建築」,爾後考上中華電信招考,並邊工作邊繼續就讀同校能源永續科技博士班,同時於此期間亦以申請公司補助就讀國立臺灣大學國家發展研究所在職專班。依此,毓仁在跨領域的學習讓他具備扎實的「碳淨零」理論基礎與豐富的實踐經驗,能夠深入淺出地介紹「碳淨零」相關知識,並透過案例分析讓讀者能深入理解「碳淨零」概念的應用,特別在建設智慧低碳方面相當著力,相信這份不可多得的學習歷程對毓仁的影響至為深遠。

作為毓仁大學時代的導師及地球公民一員,個人非常樂於向大家推薦《碳淨零規劃管理全面指南》這本書。讓我們一起許下對未來及對下一代的承諾,共同推動環境永續工作,落實淨零轉型目標。也祝福毓仁!

國立嘉義大學特聘教授兼校長

林翰謙

推薦序

在全球持續面臨氣候變遷的挑戰下，碳淨零已成為各國政府和企業的共同目標。這不僅僅是對環境保護的回應，更是推動產業轉型與創新的關鍵驅動力。隨著社會各界對減碳責任的日益重視，如何在複雜的環境下制定並實施有效的碳淨零規劃，已成為產業界不可忽視的重要課題。

在這樣的背景下，《碳淨零規劃管理全面指南》一書的出版可謂適逢其時。作者憑藉其豐富的專業背景與實務經驗，深入探討了碳足跡計算、減排策略、碳管理系統以及相關政策等多個面向，為讀者提供了全方位的指引。不論是對企業管理者、專業人士，還是對於希望深入了解碳淨零規劃的讀者來說，這本書都是不可多得的寶貴資源。

本書的價值不僅在於其理論深度，更在於其實踐性。書中包含了多個成功案例與實務操作經驗，這些內容不僅有助於讀者深入理解碳淨零的概念，更能為實際應用提供有力的支持。這正是本書與眾不同之處，也是我大力推薦此書的原因之一。

在此，我要感謝作者為本書所付出的努力，這本書將為企業的碳淨零轉型提供清晰的方向，也必將成為業界的重要參考依據。我深信，透過這本書的學習與應用，更多企業將能在碳淨零的道路上走得更遠、更穩。

台灣科技大學
產學創新學院 院長
邱煌仁

推薦序

70 年代爆發能源危機，人們體會到資源有限，永續設計議題開始浮出檯面。近來各地更是出現了許多氣候現象、環境問題，永續設計成為當今設計界重要的課題。過往人們認為自然資源取之不竭，現今我們發現人類消耗資源的速度已經遠遠高於大自然的再生能力。

今日因應全球氣候變遷，全球人口即將突破 85 億，人口老化日益嚴重，台灣也進入超高齡社會，永續不只是為了環境，也是站在「下一代」的立場來思考未來的生活樣貌。面對消費主義，人們對商品的慾望得開始反思，辨別「想要」和「必要」的差異。消費者有意識的購買、設計師在設計的過程中納入永續議題的關懷、企業展現負起社會責任的意願，每一個環節都是推動永續設計的一環。

《碳淨零規劃管理全面指南》這本書，正是在這樣的背景下誕生，它為我們提供了一個深入且實用的指南，以幫助個人和組織實現碳淨零目標。本書作者不僅詳細闡述了碳足跡計算、減碳策略和碳管理系統等技術面向，更重要的是，作者將這些技術性內容與具體的案例研究相結合，使理論與實踐得到了完美的結合。這種結合不僅有助於讀者理解碳淨零的複雜性，也提供了實際操作的方向和靈感。它不僅為設計學院的課程提供了豐富的教學資源，更為我們的研究和實踐提供了新的視角和工具。

我推薦這本書給所有關心氣候變遷、持續尋求創新減碳方案的學者、設計師及政策制定者。透過閱讀這本書，讀者將能更深入地理解如何透過創新思維和策略規劃來實現碳淨零目標，從而為建立一個永續的未來做出實質貢獻。

國立臺灣科技大學

設計學院 院長

林銘煌

推薦序

在當前全球環境變遷的背景下，碳淨零成為各行各業所共同追求的重要目標。實現碳淨零不僅僅是一個環保議題，更是推動社會永續發展的必然選擇。面對這一挑戰，我們亟需具備深入了解和實踐經驗的專業指導，以便在碳淨零的道路上穩步前行。

《碳淨零規劃管理全面指南》一書應運而生，為我們提供了一本全面而實用的參考書籍。作者以其在碳淨零規劃和管理領域的專業知識和實踐經驗，系統地解析了碳足跡計算、減排策略、碳管理系統及相關政策等核心內容。這本書不僅涵蓋了理論知識，還提供了大量的實踐案例，對於希望深入理解和實踐碳淨零規劃的讀者而言，無疑是一部寶貴的指導手冊。

作為中興大學文學院的院長，我深知跨學科知識的融合對於解決複雜問題的重要性。《碳淨零規劃管理全面指南》正是這一理念的體現。作者透過將碳淨零管理與實際操作結合，展示了如何在不同的環境下制定和實施有效的減排策略，這對於推動企業和社會的永續發展具有重要意義。

在此，我衷心推薦《碳淨零規劃管理全面指南》一書，這本書將為廣大讀者提供寶貴的知識和實用的工具，幫助他們在實現碳淨零的過程中取得成功。希望更多的人能夠經由這本書，認識並投入到碳淨零的實踐中，共同為我們的地球做出貢獻。

中興大學文學院 院長

吳政憲

自序

我們所生活的這個世界，正面臨前所未有的環境挑戰。氣候變遷的影響已經在我們周圍顯現出來，極端天氣、自然災害頻發，這些變化提醒著我們，地球需要我們的關懷與行動。身為一位對科技、能源管理和環境保護有深厚熱情的人，我無時無刻不在思考，我們可以為這片土地做些什麼，如何才能讓我們的後代依然能夠擁有一個美好的世界。

「碳淨零」不僅僅是一個技術目標，它承載著我們對地球的承諾，是一種選擇、一種責任。我們能夠選擇過度消耗資源，讓環境繼續惡化；也能夠選擇改變，為了更永續的未來而努力。這種選擇不僅影響我們的生活方式，更關乎到下一代的幸福與生存空間。

在寫作這本《碳淨零規劃管理全面指南》的過程中，我深深感受到碳減排工作所需要的複雜性與挑戰，但我也相信，每一個小小的改變都將累積成為巨大的轉變。無論是在企業層面，還是在個人的日常生活中，我們都可以採取行動。這本書的誕生，不僅是我個人知識和經驗的總結，更是一份希望，一份希望能夠幫助更多人理解碳淨零的重要性，並實際採取行動的心意。

書中討論了如何計算碳足跡，如何設計有效的減碳策略，如何將這些理念轉化為實際的行動。我的願望是，這本書能夠成為讀者在碳減排道路上的伴侶，無論是企業決策者、專業人士，還是普通的環境愛好者，都能夠從中獲得靈感和啟發。我們或許無法改變整個世界，但我們每一個人都能夠改變自己，並且透過我們的努力，讓這個世界變得更好。

地球是我們的家，也是我們後代的家。我們所做的每一個決定，無論大小，都將影響到未來的環境。我希望透過這本書，能夠喚起更多人對碳淨零的重視，並一起為這片土地的永續發展貢獻力量。

何毓仁

作者簡介
何毓仁

現職為電信工程師，專注於結合電信技術與碳淨零管理，並在永續發展與碳減排領域擁有豐富的實務與教學經驗。具備電機工程、智慧建築、能源管理及法律等多元專業背景，致力於推動企業與個人實現碳減排目標，並長期參與企業永續發展與 ESG 相關項目，在碳淨零政策的制定與實踐中扮演關鍵角色。

曾與永豐餘工業用紙公司合作，規劃並展出以永續為主題的紙家具專案；也曾於國立台灣科技大學建築系授課「綠建築概論」，以及在中華電信學院開設「碳淨零規劃與管理」課程，透過教育與實務結合，推廣碳減排與永續發展理念。

本書凝聚作者多年工作與研究經驗，結合教學心得與產學合作實例，為讀者提供實用且全面的碳淨零規劃管理指引，助力企業與個人實現碳減排目標，邁向永續發展的未來。

現職：中華電信股份有限公司 電信工程師

學歷：國立台灣科技大學 能源永續科技研究所博士班
　　　國立台灣科技大學 建築研究所
　　　國立台灣大學 國家發展研究所
　　　國立台灣科技大學 電機工程系
　　　國立清華大學 法律學系

證照：淨零碳規劃管理師
　　　PMP 國際專案管理師

Contents 目錄

Chapter 1 緒論

1-1 全球氣候變化的挑戰 ... 2
  氣候變化的科學基礎 ... 2
  溫室效應 ... 4
  主要溫室氣體 ... 6
  極端氣候（Extreme Weather） ... 8
  常見的極端氣候影響包括 ... 9
  極端氣候的原因 ... 11
  極端氣候的影響 ... 13
  應對極端氣候的措施 ... 16
  溫室氣體的影響 ... 20
  溫室氣體減排措施 ... 21
  主要碳匯類型（自然解方） ... 22
  碳匯的優點 ... 23
  碳匯的挑戰 ... 24
  發展趨勢和策略 ... 26
  氣候變化的影響和後果 ... 29

1-2 碳淨零的概念及其重要性 ... 31
  碳淨零的定義 ... 31
  碳揭露（Carbon Disclosure） ... 31
  碳揭露的主要內容 ... 32
  碳揭露的主要框架和機構 ... 33
  碳揭露的意義 ... 33

SBT（基於科學的碳目標）..34
SBT 的主要內容與步驟..34
SBTi 的作用...36
碳抵消的主要類型...37
碳抵消的過程..39
碳抵消的優點..41
碳抵消的挑戰..42
碳抵消的發展趨勢...43
碳淨零的重要性..44

CHAPTER 2 碳足跡和碳排放計算

2-1 碳排放源分析..48
　　主要碳排放源...48
　　不同行業的碳排放特徵..49

2-2 計算碳足跡的方法..50

2-3 行業和企業的碳排放特徵...52
　　各行業的碳排放基準..52
　　特定企業的碳排放情況分析..53

2-4 碳足跡與企業社會責任（CSR）.......................................55

2-5 碳排放計算、碳足跡減少與氣候風險評估......................57
　　碳足跡減少與氣候調適..59
　　碳管理與國際合作：減少碳足跡應對氣候難民..............59
　　人類必須阻止的氣候浩劫..60
　　碳足跡透明度與社會影響評估..62
　　總結..62

Chapter 3 減碳策略和技術

3-1 減少碳排放的技術和方法 64
　　能源效率提升技術 64
　　智慧電網 65
　　智慧交通 68
　　智慧建築 72
　　智慧照明的主要組成部分 77
　　綠色建築 80
　　可再生能源利用 85
　　太陽能 87
　　風能 92
　　生物能 96

3-2 碳捕捉與封存技術 103
　　碳捕捉技術介紹 103
　　碳封存技術和實踐 104
　　地質封存 104
　　海洋封存 108
　　礦物封存 111

3-3 碳抵消和碳信用 116
　　碳抵消的概念和實施 116
　　碳抵銷的方式 116
　　碳信用市場和交易機制 116

Chapter 4 碳管理體系建立

4-1 碳管理政策與目標設定 120
　　設定科學的減排目標 120
　　短期和長期目標的區分 120

4-2 碳管理組織架構與職責 121
　　建立碳管理團隊 121
　　各部門的職責和協作方式 122

4-3 碳管理計劃的制定與實施 122
　　行動計劃與措施 122
　　監測和報告進展 123

4-4 碳管理體系中的風險評估與社會責任：
　　氣候變遷調適與氣候難民應對策略 123
　　氣候難民的成因 124
　　氣候難民的挑戰 129
　　未來展望 132

CHAPTER 5　政策法規和合規性

5-1 國際協議和碳市場 134
　　重要的 COP 會議和成果 134
　　《巴黎協定》等國際協議 135
　　京都議定書 139
　　UNFCCC 140
　　COP28 的主要成果 143
　　聯合國 17 項永續發展目標（SDGs） 148
　　碳信用 149
　　國際碳市場和碳交易機制 152
　　ISO 14064 156
　　ISO 14060 系列溫室氣體標準間之關聯性 158

5-2 台灣碳排放政策和法規 160
　　台灣在碳淨零政策 160
　　台灣主要的碳淨零政策及相關措施 160

　　　　　《氣候變遷因應法》的詳細介紹.................165
　　　　　總結.................167

5-3　政策對企業的影響.................169
　　　　　政策帶來的機遇和挑戰.................169

Chapter 6　實踐案例分析

6-1　企業碳中和成功案例.................172
　　　　　中華電信的減碳承諾與實踐.................172
　　　　　結論.................173
　　　　　成功案例的關鍵因素.................174

6-2　不同行業的最佳實踐.................176
　　　　　行業特定的減排策略.................176
　　　　　合作和協作的成功經驗.................177

6-3　持續改進與監測.................178
　　　　　持續改進的方法和工具.................178
　　　　　六西格瑪管理方法.................178
　　　　　減排進度和成果的監測.................179

Chapter 7　碳管理工具和資源

7-1　碳足跡計算工具.................182
　　　　　市場上常見的碳足跡計算工具介紹.................182
　　　　　GHG Protocol.................184
　　　　　碳信託計算器.................187

7-2　碳管理軟體和平台.................191
　　　　　功能和特點介紹.................191
　　　　　如何選擇適合的軟體.................193

xiii

7-3 資源和參考文獻 195
相關文章和研究論文 195
線上資源和學習平台 196
參考資料 198

Chapter 8 未來展望

8-1 未來碳管理技術展望 200
新興技術和創新 200
技術發展趨勢和潛力 201
技術可行性和經濟性分析 202
結論 202

8-2 碳淨零的社會和經濟影響 203
碳淨零對社會的影響 203
經濟轉型和新機遇 204
綠色經濟 204

8-3 各方協力實現碳中和 207
政府、企業和個人的角色 207
協力和共同行動的重要性 209

Chapter 9 iPAS 碳淨零規劃管理師考試準備

9-1 iPAS 考試概述 214
碳足跡計算 214
減碳策略 215
政策法規 215
考試題型 215
案例分析題 215

9-2 考試準備策略 216

9-3 考試技巧與注意事項 216
　　答題策略和注意事項 216
　　結論 217

9-4 iPAS 淨零碳規劃管理師範例試題 218

附錄

附錄 A　凝聚全球的力量：
　　　　COP29 為氣候未來注入新希望 228
　　重新定義氣候金融：承諾與責任 229
　　碳市場的希望：合作與創新 229
　　化石燃料的抉擇：轉型與堅守 229
　　氣候行動與和平：巴庫的呼聲 230
　　公眾的呼聲：改變的動力 231
　　承載希望的巴庫 231

附錄 B　碳管理工具和軟體介紹 231
　　碳足跡計算器 231
　　碳管理軟體 232
　　結論 234

附錄 C　專業名詞解釋 234

Chapter 1

緒論

1-1 全球氣候變化的挑戰

氣候變化的科學基礎

科學家們利用各種精密的氣候模型來預測未來的氣候變化，並深入探討過去幾十年乃至幾個世紀以來，溫室氣體濃度的變化及其對全球氣候的深遠影響。這些氣候模型是專門設計來模擬地球氣候系統的複雜數學工具，它們能夠精確考慮並整合多種影響因素，包括溫室氣體的排放量、太陽輻射的變化模式、海洋與陸地之間的相互作用，以及其他自然和人為的氣候驅動因素。透過這些模型的計算與分析，科學家不僅能夠重建過去的氣候變遷歷史，還可以預測未來幾十年甚至更長時間範圍內的氣候變化趨勢。這些預測對於理解氣候變化的潛在風險、制定應對策略、以及推動全球氣候行動具有極為重要的意義。

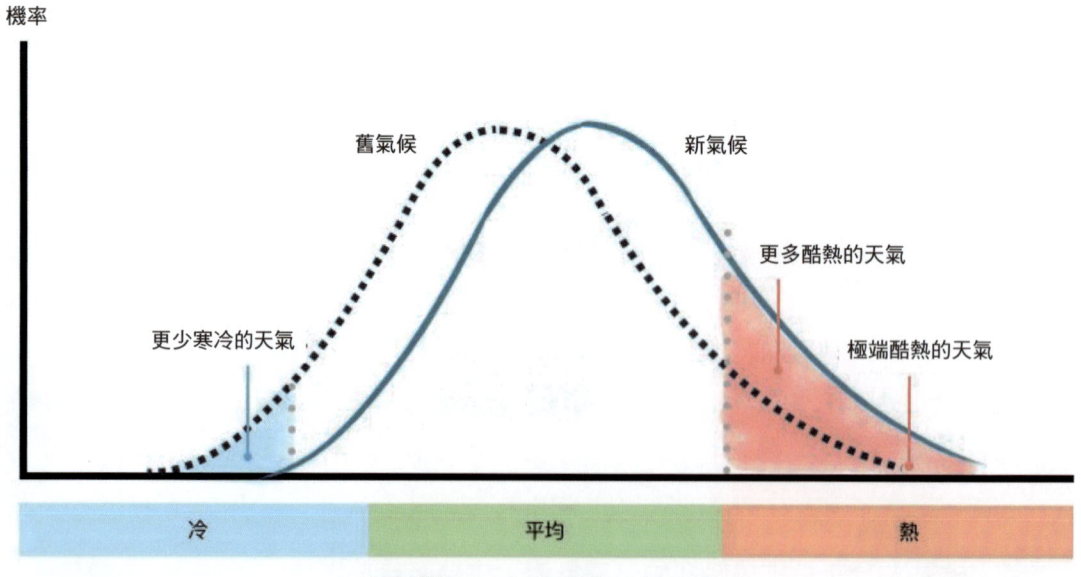

▲ 氣候變化：小小改變，大大不同
圖片改作來源：BBC News

溫室氣體（Greenhouse Gases, GHGs）是指能夠吸收和再放射地球表面的紅外輻射線，從而導致溫室效應的氣體。這些氣體在地球大氣中的存在和濃度變化，對地球的能量平衡和氣候系統的運作具有重要影響。

溫室氣體包括多種化合物，其中最主要的有二氧化碳（CO_2）、甲烷（CH_4）、氧化亞氮（N_2O）、水蒸氣（H_2O），以及人為產生的氟化氣體（例如：氫氟碳化物 HFCs、全氟化合物 PFCs 等）。這些氣體能夠有效地吸收來自地球表面的紅外輻射，並將這些能量重新向各個方向放射回大氣層和地表，從而形成一種「保溫」效果，這就是所謂的「溫室效應」。

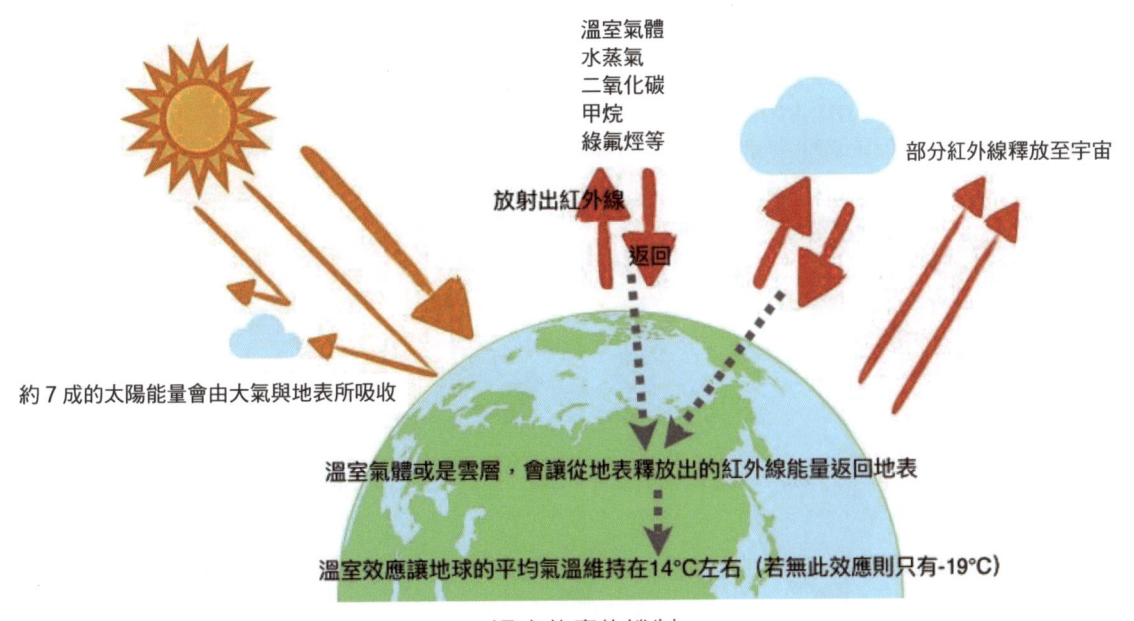

▲ 溫室效應的機制

圖片改作來源：https://www.data.jma.go.jp/cpdinfo/chishiki_ondanka/

在自然條件下，溫室效應是維持地球適宜居住的溫度所需要的。如果沒有這些溫室氣體，地球的平均氣溫將會低於零攝氏度，生命將無法在如此寒冷的環境中生存。然而，由於人類活動（如化石燃料燃燒、工業生產、農業活動和土地利用變化）的影響，這些溫室氣體的濃度自工業革命以來急劇增加，從而加強了自然的溫室效應，導致全球氣溫的升高，即全球暖化甚至是沸騰。

二氧化碳是人類活動排放最多的溫室氣體，主要來自於燃燒化石燃料（如煤炭、石油和天然氣）以及森林砍伐。甲烷主要來自於農業（如稻田種植和牲畜飼養）、垃圾掩埋場以及化石燃料的開採和運輸。氧化亞氮則主要來自於農業中的氮肥使用和一些工業過程。氟化氣體則是工業活動中使用的冷媒、製冷劑等，雖然它們在大氣中的濃度較低，但其對氣候變化的影響比二氧化碳更強。

溫室氣體的增加破壞了地球的能量平衡，使得更多的熱量被困在大氣中，導致地表溫度上升，從而影響全球氣候系統的運作。這種氣候變化的影響包括極端天氣事件的增加、海平面上升、冰川融化以及生態系統和物種的威脅。

因此，減少溫室氣體的排放、增加碳匯（如森林）的保護和恢復，成為了全球應對氣候變化的重要戰略目標。透過國際合作、技術創新和政策措施，我們可以緩解溫室氣體對氣候的影響，維護地球的永續性和人類社會的長期繁榮。

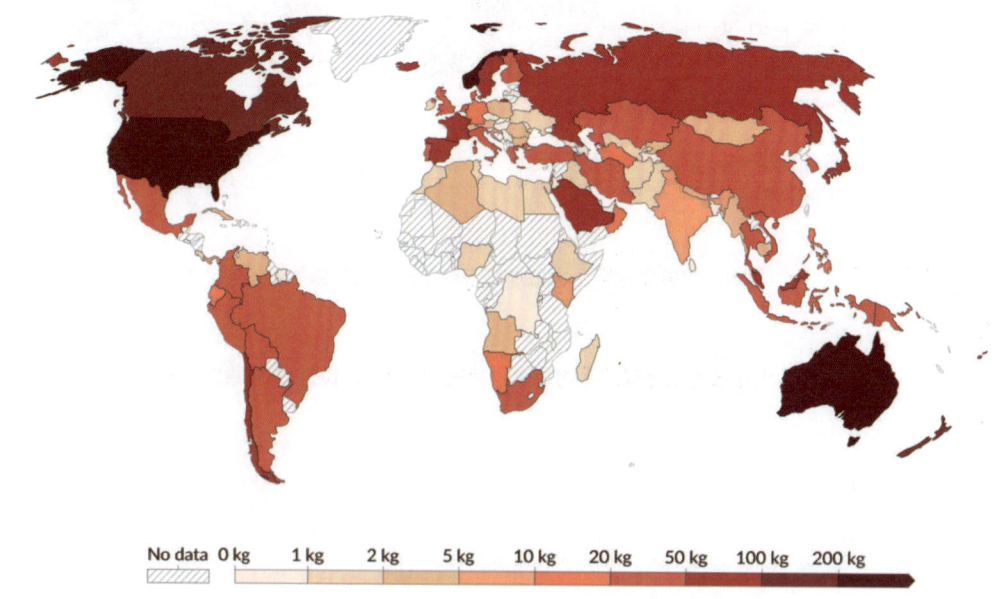

▲ 按國家區分，2018 年人均二氧化碳排放
資料來源：Our World in Data

溫室效應

溫室效應是指溫室氣體吸收並再放射地球表面輻射能量的過程，這個過程使地球表面和大氣層的溫度升高。溫室效應本身是一種自然現象，對於維持地球適宜的氣溫來說最為重要。實際上，如果沒有溫室效應，地球表面的平均氣溫將會低於零攝氏度，這樣的寒冷環境將使地球無法支持現今的生命存活形式。因此，溫室效應在保護地球生態系統、維持水的液態狀態，以及促進植物光合作用等方面，都發揮了極重要的作用。

然而，自工業革命以來，人類活動引發的變化正在改變這一自然平衡。隨著工業化的加速推進，人類大量燃燒化石燃料，例如：煤炭、石油和天然氣，這些活動產生了大量的二氧化碳和其他溫室氣體，如甲烷和氧化亞氮。除此之外，森林砍伐、農業活動的擴展、以及工業生產中的排放，也進一步增加了大氣中的溫室氣體濃度。這些溫室氣體形成了一個愈加厚重的「毯子」，覆蓋在地球大氣層中，並進一步強化了原本的溫室效應。

這種強化的溫室效應，通常被稱為「增強型溫室效應」，已成為導致全球氣候暖化的主要因素。全球暖化不僅表現為地表平均氣溫的持續升高，還引發了極端天氣事件的頻率和強度明顯增加，如更頻繁的熱浪、暴雨和洪水。此外，全球暖化也帶來了冰川融化和海平面上升的問題，威脅著沿海地區和海島國家的安全與生存。

隨著全球氣溫的上升，氣候變化對全球生態系統和人類社會的影響愈明顯。許多物種的棲息地正在迅速縮小，生物多樣性受到威脅；農業生產面臨極端天氣的挑戰，糧食安全問題日益嚴峻；同時，氣候變化還可能加劇全球範圍內的社會不平等，導致貧困地區更容易受到自然災害的打擊。因此，全球應對氣候變化已成為當務之急，各國政府、企業和公民都需共同努力，以減少溫室氣體的排放，緩解全球暖化的影響，並尋求永續發展的未來。

▲ 兩種世界

資料來源：https://wired.me/technology/2050-year-in-review/

主要溫室氣體

> **氣候變遷因應法第 3 條**
> 本法用詞，定義如下：
> 一、溫室氣體
> 指二氧化碳（CO_2）、甲烷（CH_4）、氧化亞氮（N_2O）、氫氟碳化物（HFCs）、全氟碳化物（PFCs）、六氟化硫（SF_6）、三氟化氮（NF_3）及其他經中央主管機關公告者。

1. **二氧化碳（CO_2）**
   - **來源**：燃燒化石燃料（例如：煤、石油和天然氣）、森林砍伐和某些工業過程（例如：水泥生產）。
   - **特點**：二氧化碳是最重要的溫室氣體之一，因為其在大氣中的濃度最高，且壽命長達數十年至數百年。

2. **甲烷（CH_4）**
   - **來源**：畜牧業（反芻動物的消化過程）、稻田、垃圾掩埋場和天然氣開採及交通運輸過程。
   - **特點**：甲烷的溫室效應能力是二氧化碳的 25 倍左右，但其在大氣中的壽命較短，約 12 年。

3. **氧化亞氮（N_2O）**
   - **來源**：農業活動（尤其是氮肥的使用）、工業活動和燃燒生物質能源（Biomass Energy）。
   - **特點**：氧化亞氮的溫室效應能力大約是二氧化碳的 298 倍，且在大氣中的壽命約為 114 年。

> **提示！**
>
> 生物質能源（Biomass Energy）是指利用生物質材料（例如：植物、農業廢棄物、動物的糞便等）轉化為能源的一種技術。生物質能源作為一種可再生能源，具有減少溫室氣體排放、處理廢棄物和促進農村發展等多重優點。生物質能源作為一種清潔、可再生和多功能的能源，在實現碳中和、改善環境和促進永續發展方面具有重要意義。隨著技術的不斷進步和政策支持的加強，生物質能源在未來的能源結構中將發揮更大的作用。

4. **氟化氣體**
   - 包括氫氟碳化物（HFCs）、全氟化碳（PFCs）、六氟化硫（SF_6）和三氟化氮（NF_3）。
   - **來源**：主要來自工業過程、製冷和空調設備的使用。
   - **特點**：這些氣體的溫室效應能力遠高於二氧化碳，且在大氣中的壽命通常較長。

不同排放源因成分組成的差異，在燃燒後可能排放出單一或多種溫室氣體。例如，木柴或秸稈等生質物主要由碳（C）和氫（H）構成，燃燒後僅排放二氧化碳（CO_2）；而化石燃料成分較為複雜，包含碳、氫以及少量氮（N）和硫（S），燃燒後除 CO_2 外，還可能排放甲烷（CH_4）及一氧化二氮（N_2O）。常見的燃燒排放特性中，生質物因結構簡單，溫室氣體種類較少，而煤炭、天然氣及汽油等化石燃料因成分多樣，排放溫室氣體種類更多，需特別注意其環境影響。了解這些排放特性有助於針對不同排放源制定有效的減排策略。常見之排放源於燃燒反應後所排放出的溫室氣體種類如下表所示。

▼ 排放源與溫室氣體排放種類

排放源	溫室氣體種類
滅火器	CO_2、HFCs、PFCs
化石燃料（汽油、柴油、瓦斯、煤等）	CO_2、CH_4、N_2O
生質燃料（生質柴油、生質酒精、沼氣等）	CH_4、N_2O、CO_2
冷媒	HFCs、PFCs
生質物（木柴、乾柴、秸稈等）	CO_2
焚化爐（VOCs）	CO_2
電	CO_2

> **補充**　揮發性有機物（Volatile Organic Compound, 簡稱 VOCs）是一大類有機化合物的總稱，在常溫常壓下容易蒸發或以氣體形式存在。常見包括苯、甲苯、三氯乙烷、甲醛等。

💡 極端氣候（Extreme Weather）

極端氣候一詞是指與正常氣候模式相比，發生頻率或強度異常的天氣現象。這些現象通常具有劇烈、破壞性或危險的特徵，對人類生活及其所依賴的環境構成了極大的威脅。隨著全球氣候變化的加劇，極端氣候事件的發生頻率和強度正在明顯增加，這一趨勢正對全球社會、經濟和生態系統造成深遠的影響。

極端氣候影響的範圍廣泛，包括但不限於熱浪、乾旱、暴雨、洪水、颶風、風暴潮和寒潮等。這些事件不僅可能導致人員傷亡和財產損失，還可能破壞基礎設施、摧毀農作物、污染水源、並對能源供應、交通運輸、以及公共衛生系統造成嚴重影響。這些事件對生態系統的破壞也是不可忽視的，可能導致棲息地的喪失、生物多樣性的減少，甚至引發物種滅絕。

隨著氣候變化進一步加劇，極端氣候事件的影響正在變得越來越廣泛和複雜。例如：全球氣溫的上升使得熱浪變得更加頻繁和持久，對城市人口密集區造成嚴重的健康威脅。乾旱事件的加劇則使得水資源短缺問題更加突出，威脅著農業生產和糧食安全。暴雨和洪水的頻率增加，不僅加大了城市排水系統的壓力，還對沿海和河流周邊的社區構成了重大威脅。

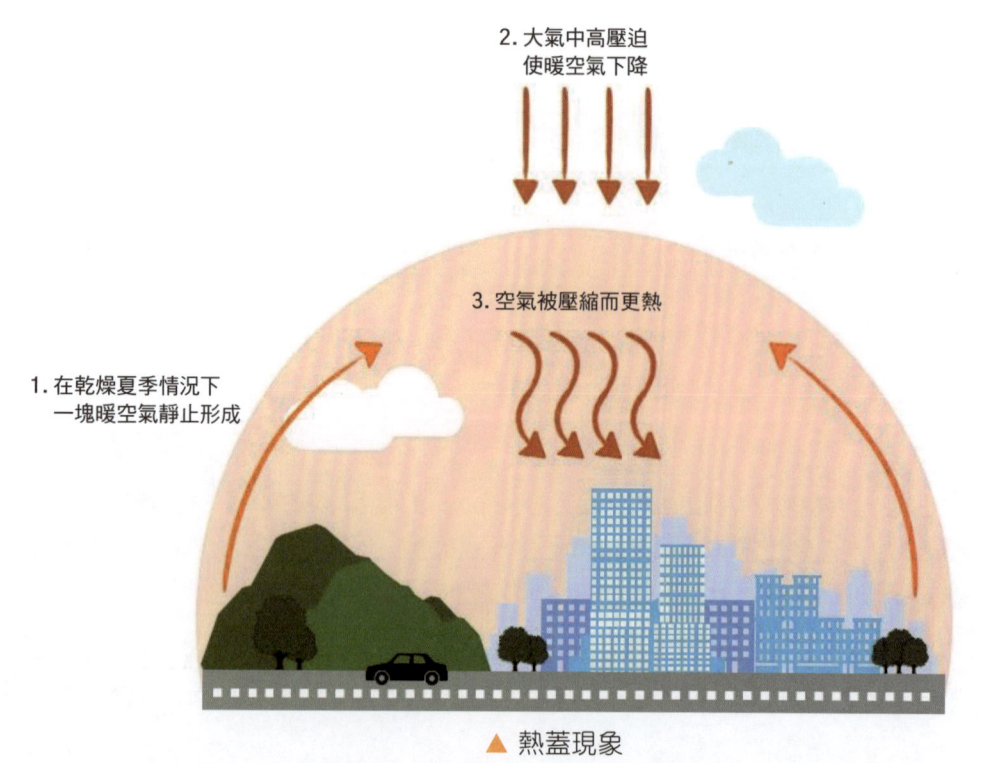

1. 在乾燥夏季情況下一塊暖空氣靜止形成
2. 大氣中高壓迫使暖空氣下降
3. 空氣被壓縮而更熱

▲ 熱蓋現象

改繪資料來源：https://www.bbc.com/news/science-environment-58073295

這些極端氣候事件不僅對人類社會的穩定構成威脅，也對全球經濟造成了巨大的損失。基礎設施的破壞、產業鏈的中斷、以及保險和救災成本的上升，都使得極端氣候事件的經濟代價日益增加。面對這一挑戰，全球社會必須加強應對措施，包括提高對極端氣候事件的預測和預警能力，改善基礎設施的抗災能力，並推動永續發展，以減少氣候變化帶來的風險和損失。

常見的極端氣候影響包括

1. **熱浪**

   異常高溫且持續數天或更長時間的天氣現象，通常被稱為熱浪。熱浪不僅對人體健康構成嚴重威脅，可能引發中暑、心血管疾病等健康問題，尤其是對老年人、兒童和患有慢性疾病的人群風險更大。熱浪還會對農業生產造成重大影響，極端高溫可能損害農作物的生長，降低產量，進而影響糧食安全。同時，持續的高溫也會增加電力需求，尤其是空調和製冷設備的使用，對電力供應系統造成巨大壓力，甚至可能導致停電或電力短缺的情況發生。因此，熱浪現象不僅是一種天氣異常，還是對社會、經濟和公共健康的多重挑戰。

2. **強降雨和洪水**

   異常強烈或長時間的降雨通常會引發洪水事件，這類極端天氣現象可能對環境和社會造成廣泛的影響。洪水不僅可能引發土壤侵蝕，破壞土地的生產力，還會對基礎設施如道路、橋梁和建築物造成嚴重破壞。當洪水淹沒農田時，農作物可能被毀，導致糧食減產，進一步威脅到糧食安全。此外，洪水還可能導致人員傷亡和財產損失，尤其是在受災嚴重的地區，損失更為慘重。洪水對社會經濟的影響深遠，不僅會造成直接的物質損害，還會帶來持久的社會和經濟挑戰，需要長時間的恢復和重建努力。

3. **乾旱**

   長期缺水現象，通常被稱為乾旱，是一種極端氣候條件，往往伴隨著持續的高溫。乾旱對多個方面產生深遠的影響，首先對農業生產帶來巨大挑戰。由於降水不足，農作物的生長受到抑制，土壤水分枯竭，導致農作物減產甚至歉收，這可能進一步引發糧食短缺和饑荒。

   此外，乾旱嚴重威脅到飲用水供應，水庫、河流和地下水源的水位明顯下降，許多地區可能面臨飲用水不足的危機，這對居民生活、工業用水和城市管理構成重大挑戰。

乾旱還對生態系統平衡造成破壞，許多植物和動物無法適應持續的乾燥環境，導致生物多樣性下降，生態系統服務減弱。特定物種的減少或消失可能引發連鎖反應，進一步削弱生態系統的韌性。

在水資源缺乏的情況下，水資源衝突的風險也會增加，尤其是在水資源短缺的地區，競爭水資源可能引發社會緊張，甚至引發衝突。

總體而言，乾旱對人類社會、經濟和環境的影響極其深遠，需要全球合作和綜合措施來應對這一挑戰。

4. **颶風、颱風和熱帶風暴**

    強對流天氣通常伴隨著強風、大量降雨和風暴潮，這些極端天氣現象具有極大的破壞力。強對流天氣能夠摧毀建築物，損壞屋頂、牆壁，甚至完全摧毀不夠堅固的結構。農作物在強風和暴雨的衝擊下也常常受損，導致農業減產甚至歉收。

    基礎設施也會因強對流天氣受到嚴重破壞，如道路、橋梁、電力線路和通信設備，這些損壞會造成交通癱瘓和通訊中斷。風暴潮則可能引發沿海地區的洪水災害，淹沒大片土地，進一步加劇破壞程度。

    這些災害往往導致大範圍的停電，使得居民和企業陷入長時間的斷電困境，嚴重影響日常生活和經濟活動。最為嚴重的是，這些強對流天氣通常會導致人員傷亡，尤其是在準備不足或防護措施不充分的地區，災害後果往往更加慘重。

    因此，強對流天氣不僅僅是天氣異常現象，還是對社會、經濟和生命安全的重大威脅，需要高度重視和有效應對。

5. **暴風雪和寒潮**

    異常低溫、強風和大量降雪的天氣現象，通常被稱為「寒潮」或「暴風雪」，這類極端天氣對多個領域產生嚴重影響。

    首先，寒潮可能導致交通中斷，積雪覆蓋道路，凍結的路面增加了交通事故的風險，許多地區的公共交通系統也可能因此停運或延誤，影響人們的外出和日常生活。

    此外寒潮常常伴隨著電力供應中斷，強風和積雪可能損壞電力線路和設施，導致停電，尤其是在偏遠或基礎設施較弱的地區。停電不僅影響居民的取暖和照明，也對醫療設施、供水系統等重要基礎設施的運行構成威脅。

    在農業方面，異常低溫和大量降雪會對農作物造成不利影響，如凍害或覆蓋農田的積雪可能導致作物死亡或生長受阻，進而影響收成。畜牧業也可能因為極端寒冷天氣而面臨挑戰，動物的健康和生存可能受到威脅。

對工業活動而言，寒潮可能導致工廠停工、供應鏈中斷以及能源需求的激增，這些因素都可能影響經濟運作。工業設備在低溫環境下容易出現故障，增加了生產運營的難度。

總體而言，異常低溫、強風和大量降雪不僅對人們的日常生活構成挑戰，還對交通、電力供應、農業和工業活動帶來了多重不利影響，需要提前做好防範措施以減少損失。

6. **森林火災**

在乾旱和高溫的條件下，植被變得極為乾燥，這使得其極易燃燒，從而可能引發大規模的森林火災。這類火災往往迅速蔓延，難以控制，對生態系統造成毀滅性的影響。森林火災不僅會摧毀大片樹木和植被，還會導致土壤結構的破壞，削弱其吸收水分和養分的能力，進一步加劇環境退化。

森林火災對野生動物棲息地構成了極大的威脅。大量的動植物因火災喪失棲息地，許多物種的生存受到嚴重挑戰，甚至可能導致某些物種的局部滅絕。森林火災的煙霧和有毒氣體還會污染空氣，對野生動物和人類的健康造成不利影響。

對於人類居住區而言，森林火災更是巨大的威脅。火災可能蔓延到靠近森林的社區和城市，摧毀房屋、基礎設施，並迫使居民撤離，造成財產損失和人員傷亡。火災過後的地區常常面臨土壤侵蝕和滑坡的風險，這進一步增加了災後重建的難度。

總體來說，在乾旱和高溫條件下，森林火災不僅對自然環境和生物多樣性造成長期破壞，也對人類社會構成了嚴重威脅。因此，採取積極的預防措施和應對策略，如加強森林管理、推廣防火知識、提升應急反應能力，是減少森林火災損失的重要途徑。

極端氣候的原因

1. **氣候變化**

全球氣溫的上升對地球的氣候系統產生了深遠影響，導致極端氣候事件的頻率和強度明顯增加。這些極端事件包括熱浪、暴風雨、乾旱、洪水等，它們對環境、經濟和人類健康造成了廣泛的負面影響。氣候變化的主要驅動因素是人類活動產生的溫室氣體排放。工業化過程中大量使用化石燃料、森林砍伐、農業擴張和其他人類活動，釋放出大量二氧化碳、甲烷和氧化亞氮等溫室氣體，這

些氣體在大氣中累積，導致地球熱量增加，進一步推動全球暖化。隨著氣溫上升，氣候系統變得更加不穩定，極端天氣現象變得更加頻繁和嚴重，這些變化不僅威脅到自然生態系統的平衡，也對人類社會的永續發展構成了重大挑戰。應對氣候變化已成為全球的共同目標，需要各國協力減少溫室氣體排放，加強適應氣候變化的能力，以減少未來的氣候風險。

2. **自然氣候變率**

如「厄爾尼諾和拉尼娜」現象，對全球和區域性的氣候模式有明顯的影響，經常引發異常的天氣事件。這些現象屬於 ENSO（厄爾尼諾 - 南方振盪）的重要組成部分，能夠在不同地區引發極端的氣候條件。這些自然氣候現象對全球氣候系統的影響十分複雜，能夠加劇或緩解某些地區的極端氣候事件。它們與全球氣溫上升導致的氣候變化相互作用，可能進一步加劇異常天氣的頻率和強度。了解和預測這些自然氣候變率，對於氣候監測和應對異常天氣事件具有重要意義，有助於減少災害風險和提升社會的應對能力。

> **提示！**
>
> **厄爾尼諾現象**：厄爾尼諾（El Niño）是指東太平洋海面溫度異常升高的自然現象，通常伴隨著氣候系統的大範圍變化。它是「厄爾尼諾 - 南方振盪（ENSO）」循環的一部分。拉尼娜現象：厄爾尼諾的對立面是拉尼娜（La Niña），指的是東太平洋海面溫度異常降低的現象，常會導致與厄爾尼諾相反的氣候效應，如一些地區的降雨增加、溫度降低。

3. **人類活動**

人口增長、城市化、土地利用變化等人類活動明顯加劇了極端氣候事件的風險，這些活動往往改變了自然環境的平衡，進一步加劇了氣候變化對人類社會的影響。

例如：城市的熱島效應是由於大量的建築物、道路和其他基礎設施吸收和儲存熱量，導致城市地區的氣溫高於周圍的鄉村地區。這種效應在熱浪期間尤為明顯，會加劇高溫對城市居民的影響，增加中暑和與熱有關的疾病風險，尤其是在老年人、兒童和慢性病患者中。城市化的擴張通常伴隨著植被的減少，這進一步削弱了自然降溫機制，增加了熱浪的影響。

同時，河流改道和排水系統的不當管理也可能加劇洪水風險。當河流被改道或自然的洪水洩洪區域被開發為城市或農田時，這些地區就失去了自然的洪水調

節功能，從而增加了洪水發生的可能性。城市化過程中不透水表面的增加（如混凝土和瀝青）使得雨水難以滲透入地下，增加了地表徑流，這進一步加劇了洪水風險。

土地利用變化，如森林砍伐、濕地開發和農業擴張，也會削弱自然環境的緩衝能力，增加極端氣候事件的頻率和強度。森林和濕地在調節水文循環、吸收碳排放和保護生物多樣性方面發揮著重要作用，但當這些自然資源被過度開發或破壞時，極端氣候事件如乾旱、洪水和土壤侵蝕的風險就會增加。

總之，人口增長和城市化加劇了氣候變化的影響，使得應對極端氣候事件的挑戰變得更加複雜。這強調了合理的城市規劃、土地管理和自然資源保護的重要性，以減少人類活動對氣候的負面影響，並提升社會應對極端氣候事件的能力。

極端氣候的影響

1. 對人類健康的影響

極端氣候事件的發生對人類健康構成了多方面的威脅，既包括直接的健康危險，也包括間接的健康問題。

首先，極端氣候事件如熱浪和寒潮會導致直接的健康威脅。熱浪期間，高溫可能引發中暑、脫水和熱衰竭等症狀，這些問題對老年人、兒童和患有慢性疾病的人群尤為危險。在極端高溫下，心血管和呼吸系統疾病的發病率也會明顯上升。同樣，寒潮會導致凍傷、低體溫等症狀，對免疫力較弱的人群危害更大。寒冷天氣還可能加重慢性病患者的病情，如哮喘和心血管疾病。

除了直接的健康威脅，極端氣候還會引發一系列間接的健康問題。例如：暴雨和洪水可能導致水源污染，使飲用水受到病原體、化學物質和其他污染物的侵襲，從而增加胃腸道疾病的風險。洪水後積水的存在可能成為蚊蟲滋生的溫床，導致病媒傳染病的增加，例如：登革熱、瘧疾等。高溫和濕熱的環境同樣有助於病媒昆蟲的繁殖，擴大這些疾病的傳播範圍。

極端氣候事件還可能加劇心理健康問題。例如：極端天氣事件造成的財產損失、流離失所和社會動蕩，可能導致受災群體出現焦慮、抑鬱和創傷後壓力症（PTSD）等心理健康問題。

總體而言，極端氣候事件對人類健康的影響是多層面的，既有直接的生理威脅，也有經由環境變化引發的間接健康風險。因此，應對極端氣候的挑戰不僅

僅是氣候科學和工程技術的問題，還涉及公共健康和社會福祉的廣泛考量。強化應急反應能力、改善基礎設施和加強社會支持系統，對於減少極端氣候事件對人類健康的負面影響極為重要。

2. **經濟損失**

極端氣候事件對經濟的影響是深遠且廣泛的，通常會導致農業減產、基礎設施損壞、產業停工等多方面的經濟損失，並可能嚴重干擾全球供應鏈。

首先，農業減產是極端氣候事件帶來的直接後果之一。異常高溫、乾旱、洪水和風暴等極端天氣現象會嚴重損害農作物的生長，導致糧食產量大幅下降。例如：乾旱會使土壤失去水分，影響作物的發芽和生長，而洪水則可能淹沒農田，導致作物腐爛或被沖走。這不僅影響了農民的收入，還可能導致糧食價格上漲，進一步推動全球範圍內的通脹壓力，威脅到糧食安全。

其次，極端氣候事件經常會造成基礎設施損壞。強風、暴雨和洪水可能摧毀道路、橋梁、電力設施和通信網絡，這些基礎設施的損壞會影響交通運輸、能源供應和訊息傳遞，進而影響到整體經濟運行。例如：停電可能導致工廠停產，交通中斷會阻礙貨物的運輸，這些都會直接造成經濟損失。

此外，極端氣候事件還可能導致產業停工。工廠和企業可能因為基礎設施的損壞、供應鏈的中斷或勞動力的短缺而被迫暫停運營。例如：颱風和洪水可能迫使企業停止生產，乾旱則可能導致能源供應緊張，使工業活動受限。這些產業停工不僅影響到當地經濟，還可能對全球供應鏈產生連鎖反應。

全球供應鏈也會受到極端氣候事件的嚴重影響。現代經濟高度依賴全球化的供應鏈，一個地區的極端氣候事件可能導致生產中斷、原材料短缺和運輸延誤，進而影響到其他地區和國家的經濟活動。例如：某一地區的洪水或颱風可能中斷重要原材料的供應，使得全球各地依賴這些材料的企業面臨生產困境。

總體而言，極端氣候事件帶來的經濟損失不僅局限於直接的財產損害，還涉及到農業減產、基礎設施破壞、產業停工和全球供應鏈的中斷等一系列連鎖反應。為應對這些挑戰，各國需加強氣候韌性建設，推動基礎設施升級，並加強全球合作，以減少極端氣候事件對經濟的負面影響。

3. **生態系統的破壞**

極端氣候對生態系統的影響是深遠且破壞性的，常常導致生態系統平衡的破壞，進而引發一系列嚴重的環境問題，包括物種滅絕、棲息地喪失以及生態系服務的減少。

首先，極端氣候的發生，如異常高溫、乾旱、洪水和強對流天氣，會對自然環境造成巨大壓力，許多物種可能無法適應迅速變化的環境條件，最終導致物種滅絕。例如，持續的高溫可能超過某些物種的耐熱極限，威脅其生存。同時，乾旱會導致水源減少，影響水生物種的生存環境，而洪水可能沖走或毀壞動植物的棲息地，進一步加劇物種的滅絕風險。

其次，極端氣候的發生往往會導致棲息地喪失。森林火災、海平面上升和冰川融化等極端現象，直接破壞了動植物的自然棲息地。森林火災不僅會摧毀大片森林，還會導致棲息在那裡的動物無家可歸，迫使牠們遷徙或面臨生存困境。海平面上升則會淹沒沿海棲息地，如紅樹林和濕地，這些地方是許多魚類、鳥類和其他物種的重要繁殖地。棲息地的喪失對物種的生存和繁衍構成了直接威脅，也影響了生物多樣性。

此外，極端氣候對生態系統的破壞還會導致生態系服務的減少。生態系服務是指自然生態系統為人類社會提供的各種有益功能，如水源淨化、空氣品質維持、碳吸收和土壤保持等。當極端氣候事件破壞了生態系統的結構和功能，這些服務的品質和穩定性就會明顯下降。例如：森林被破壞後，其吸收二氧化碳的能力減弱，加劇了全球暖化；濕地的消失會導致水源過濾能力的降低，增加水污染風險。

總而言之，極端氣候事件透過破壞生態系統平衡，對物種、棲息地和生態系服務構成了重大威脅。這不僅影響到自然環境的健康和穩定，還對人類社會的永續發展產生了深遠影響。因此，保護生態系統，減少氣候變化的負面影響，對於維護地球的生態健康和人類的長期福祉最為重要。

4. **社會影響**

   極端氣候事件可能對社會穩定和安全造成深遠的影響，尤其是在資源匱乏或管理能力有限的地區，其後果更為嚴重。這些事件往往導致人口流離失所、社會動盪以及衝突的加劇。

   首先，極端氣候事件如洪水、乾旱、颶風和森林火災，常常迫使大量居民離開家園，成為氣候難民。這些流離失所的人口可能無法迅速返回家園，或在新的定居地面臨生存挑戰，進一步增加了社會和經濟的負擔。這些難民的遷徙不僅對他們本身造成困擾，也給接收地區帶來了住房、醫療、食物和水資源的巨大壓力。

   其次，當大量人口因極端氣候事件而流離失所時，社會動盪的風險也隨之上升。突然增加的人口壓力可能引發社會矛盾，尤其是在本來就資源緊張的地區。競

爭有限的資源如食物、水和居住空間，可能導致社會的不穩定，甚至引發治安問題。這種情況在治理能力較弱或缺乏強有力社會支持體系的地區尤為嚴重。

極端氣候事件還可能加劇社會衝突，特別是在資源分配不均或資源缺乏的地區。當基本生存資源如水源、土地和食物變得更加稀少時，社區之間、族群之間甚至國家之間的緊張關係可能會升級，導致暴力衝突的發生。這種資源爭奪可能加劇現有的社會矛盾，甚至引發長期的衝突和社會不安。

總體而言，極端氣候事件不僅帶來物質上的破壞，還對社會結構和安全構成了重大的挑戰。在資源匱乏或管理能力有限的地區，這些挑戰尤為突出。為了應對這些風險，必須加強應急管理能力、提高社會韌性、促進資源公平分配，並透過國際合作來減少因極端氣候事件引發的人口流離失所、社會動盪和衝突的風險。

應對極端氣候的措施

1. **減緩措施**

    減少溫室氣體排放是應對氣候變化的核心戰略，這不僅有助於減緩全球暖化的過程，還有助於保護自然環境和促進永續發展。實現這一目標需要多方面的努力，包括推廣可再生能源、提高能源效率、改進土地利用等措施。

    首先，推廣可再生能源是減少溫室氣體排放的首要途徑之一。可再生能源如：太陽能、風能、水力發電和地熱能，幾乎不產生二氧化碳等溫室氣體，並且資源豐富、可持續發展。透過加大可再生能源的投資和應用，各國可以逐步替代對化石燃料的依賴，從而顯著減少能源行業的碳排放。

    其次，提高能源效率是另一個關鍵策略。無論是在工業、生產領域，還是在建築、交通等部門，提高能源效率可以大幅度減少能源消耗，進而減少相關的溫室氣體排放。例如：推廣節能設備、改進生產流程以及推動智慧電網的應用，都是提高能源效率的重要手段。這不僅能夠減少排放，還能降低成本，促進經濟的永續發展。

    此外，改進土地利用也是減少溫室氣體排放的重要措施。森林、濕地和草原等自然生態系統是重要的碳匯，它們透過吸收二氧化碳，減少了大氣中的碳濃度。保護和恢復這些生態系統可以有效減少溫室氣體排放。同時，推行永續的

農業和林業實踐，如減少土地開發、推廣有機農業和防止濕地破壞，還可以增強碳吸收能力，並減少其他溫室氣體的排放。

總體而言，減少溫室氣體排放需要各國政府、企業和個人的共同努力。透過推廣可再生能源、提高能源效率和改進土地利用，我們可以有效減緩氣候變化，為未來世代創造更加永續和健康的地球環境。

2. **適應措施**

加強基礎設施建設、改善災害預警系統、實施合理的土地管理和水資源管理策略，是提高對極端氣候事件適應能力的關鍵措施。這些措施能夠有效減少極端氣候事件對社會、經濟和環境的負面影響，並增強社會的整體韌性。

首先，加強基礎設施建設是應對極端氣候事件的基石。耐受極端天氣的堅固基礎設施，如抗震建築、防洪堤壩、排水系統和可靠的電力網絡，不僅能夠減少災害發生時的損失，還能迅速恢復正常的經濟活動和社會秩序。基礎設施的升級和定期維護可以確保在極端氣候條件下的穩定運行，從而保護居民和經濟資產。

其次，改善災害預警系統是關鍵。先進的氣象監測和預警技術能夠提前識別和預測極端氣候事件，例如：颱風、洪水和乾旱，並及時向公眾發出預警。這些系統應與應急應變計劃相結合，使得政府和社區可以在災害來臨前做好充分準備，減少人員傷亡和財產損失。透過社區教育和演練，提高居民對預警資訊的反應能力，能夠進一步增強社會應對災害的能力。

土地管理和水資源管理策略同樣是提高適應能力的重要手段。科學的土地規劃可以防止過度開發和資源濫用，減少土壤侵蝕和滑坡風險，保護生態系統的完整性。合理的土地管理有助於保護自然棲息地和農田，增強生態系統應對極端氣候的韌性。

水資源管理對應對極端氣候事件中同樣重要。面對日益頻繁的乾旱和洪水的挑戰，改善水資源的分配和使用，建立強有力的蓄水和排水系統，能有效減少災害的衝擊。例如，建設多功能水庫和灌溉系統，既能防洪，又能在乾旱時期提供穩定的水源。同時，推廣節水技術和提高用水效率，有助於在資源有限的情況下保障經濟和社會的穩定運行。

總結來看，加強基礎設施建設、改善災害預警系統、實施合理的土地管理和水資源管理，這些措施相輔相成，能顯著提高社會對極端氣候事件的適應能力。

這不僅有助於保護生命和財產，還能促進經濟的永續發展，確保社會在面臨氣候變化挑戰能保持穩定和韌性。

3. **社會基礎建設**

    提高社區的應變能力和恢復能力是面對極端氣候事件和自然災害的重要策略。這不僅依賴於基礎設施和技術手段的強化，更需要透過教育和培訓來增強公眾的防災意識和應急能力，從而構建更加安全和有韌性的社區。

    首先，教育和培訓是增強社區應對災害能力的基礎。透過持續的教育活動，社區成員可以了解不同類型的災害風險以及應對策略。例如：學校可以將防災教育納入課程，讓孩子們從小就掌握基本的自我保護技能和災害知識。同時，社區組織也可以定期舉辦培訓班，教授成年人如何在緊急情況下做出正確反應，如使用滅火器、急救知識以及如何制定家庭應急計劃等。

    此外，提升公眾的防災意識有助於減少災害發生時的恐慌和混亂。透過多渠道的宣傳和教育，如新聞媒體、社交平台、社區公告等，向居民傳達防災資訊和應急措施，能確保居民在災害來臨時知道如何保護自己和他人。例如：普及颶風避難程序、地震時的安全躲避場所、洪水來臨時的撤離路線等，都能有效減少人員傷亡。

    培訓和演練也是提高社區應急能力的關鍵。透過模擬災害場景進行應急演練，居民可以在真實環境中練習應對不同的災害情境，這不僅提高了應急反應速度，還能幫助發現和解決應急計劃中的潛在問題。社區應急演練應定期進行，並包括不同年齡層和社會背景的居民，以確保整個社區都能有效應對災害。

    此外，社區網絡的建立和鄰里互助也能增強恢復能力。在災後，社區成員之間的相互支持和合作對恢復正常生活至關重要。建立社區聯繫網絡，促進居民之間的溝通和資源共享，可以幫助社區更快地恢復運轉。例如：鄰里之間的物資共享、志願者參與、以及社區領袖的組織協調，都是促進災後恢復的重要力量。

    總結來說，提高社區的應變能力和恢復能力，不僅需要加強基礎設施和應急計劃，更重要的是透過教育和培訓來增強公眾的防災意識和應急能力。這樣，社區才能在面對災害時快速反應，減少損失，並促進社會的長期安全和韌性。

4. **國際合作**

    極端氣候作為一個全球性問題，其影響範圍廣泛，無論是先進國家還是發展中國家都面臨著相似的挑戰。應對極端氣候的複雜性和嚴峻性，迫切需要國際間

的合作和協調。這種合作涵蓋了多個層面，包括資源共享、技術轉移和財政支持，以共同推動全球氣候行動的有效實施。

首先，資源共享是國際合作的重要基礎。在面對極端氣候事件時，各國的資源分配和應對能力往往存在差異。一些發展中國家可能缺乏必要的基礎設施和應急資源，國際社會可以透過資源共享縮小這些差距。例如：透過共享氣象資料和災害預警系統，可以幫助脆弱地區更早地預測和應對極端天氣事件，從而減少人員傷亡和財產損失。資源共享還包括在災害發生後，國際社會迅速提供救援物資和技術支持，以幫助受災國家渡過難關。

其次，技術轉移對於提升全球應對極端氣候的能力極為重要。許多發展中國家在應對氣候變化和減少溫室氣體排放方面，技術手段和基礎設施相對薄弱。先進國家擁有綠色技術和永續發展解決方案，因此，透過技術轉移，可以幫助發展中國家提高能源效率、推廣可再生能源、改進農業生產方式等。例如：太陽能和風能技術的轉移可以幫助這些國家減少對化石燃料的依賴，從而減少碳排放。同時，智慧城市技術和節水灌溉技術也能增強發展中國家應對氣候變化的能力。

財政支持是另一個關鍵方面。許多發展中國家因經濟能力有限，無法承擔氣候變化帶來的高昂成本。國際間的財政支持可以幫助這些國家進行必要的基礎設施建設、災後重建並制定長期的氣候應對戰略。國際社會可以透過綠色氣候基金、國際援助計劃等機制，為受氣候變化影響嚴重的國家提供資金，確保其有足夠的資源來實施氣候應對措施，並促進全球減排目標的實現。

總結來說，極端氣候作為全球性問題，無法僅靠單一國家來解決，需要國際間的廣泛合作和協調。透過資源共享、技術轉移和財政支持，各國可以共同應對氣候變化帶來的挑戰，推動全球向永續發展方向轉型。這樣的協作努力，將有效減緩極端氣候的影響，確保全球的長期穩定，並為未來世代保護地球環境。

隨著氣候變化的加劇，極端氣候事件的風險正在不斷增大。全球社會必須加強對這些現象的認識，並採取積極的應對措施，以減少其對人類和地球環境的影響。這包括提升公眾對氣候變化和極端氣候事件的理解，加強災害預警系統，改善基礎設施的韌性，以及推動永續發展政策。各國需要加強國際合作，共同應對氣候變化帶來的挑戰，以減少極端氣候事件對社會、經濟和生態系統的破壞，從而保障人類的未來福祉和地球的生態平衡。

▲ 美國國家航空暨太空總署衛星圖像顯示了 2019 年 9 月 15 日東南亞的霧霾程度
資料來源：https://zh.m.wikipedia.org/zh-tw/2019%E5%B9%B4%E4%B8%9C%E5%8

💡 溫室氣體的影響

1. **全球暖化**
   - 溫室氣體的增加導致地球平均氣溫上升，是全球暖化的主要原因。
   - 氣溫上升會導致極端天氣事件增加，如熱浪、乾旱和強降雨。

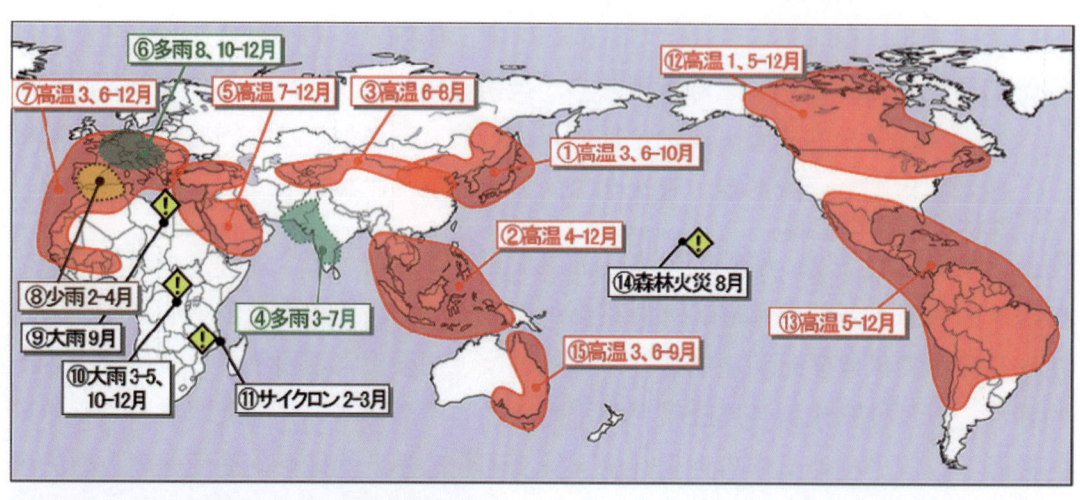

▲ 資料來源：https://www.data.jma.go.jp/gmd/cpd/monitor/annual/

2. 海平面上升
   - 全球暖化導致極地冰川和冰蓋融化,以及海水熱膨脹,導致海平面上升。
   - 海平面上升威脅沿海地區和島嶼國家的生存。

3. 生態系統變化
   - 氣候變化影響生物多樣性和生態系統服務,導致物種遷移和滅絕風險增加。
   - 森林、海洋和淡水生態系統的功能和健康受到威脅。

4. 農業和糧食安全
   - 氣候變化影響農業生產力和糧食安全,尤其是在發展中國家。
   - 農業病蟲害和疾病的發生頻率和範圍可能增加。

溫室氣體減排措施

1. 能源轉型
   - 推動可再生能源的發展,例如:太陽能、風能和水力發電,替代化石燃料。
   - 提高能源效率,減少能源浪費。

2. 低碳交通
   - 能促進電動汽車和公共交通的發展,減少交通運輸部門的溫室氣體排放。
   - 提高燃料效率,推廣清潔能源技術。

3. 永續農業
   - 推廣低碳農業技術,例如:保護性耕作和有機農業。
   - 減少甲烷和氧化亞氮排放,改善肥料和廢棄物管理。

4. 森林保護和再造林
   - 防止森林砍伐,保護自然生態系統。
   - 推動再造森林和植樹活動,增加碳匯。

> **提示!**
>
> 碳匯(Carbon Sink)又名「碳吸儲庫」,是指能夠吸收和儲存二氧化碳(CO_2)等溫室氣體的自然或人工系統。碳匯在減少大氣中的溫室氣體濃度,從而緩解全球變暖和氣候變化方面具有重要作用。主要的碳匯包括森林、土壤和海洋。

主要碳匯類型（自然解方）

1. **森林碳匯（綠碳）**
   - **森林和植被**：樹木和植物透過光合作用吸收二氧化碳並將其轉化為有機物質，儲存在生物內（例如：樹幹、樹葉和根系）和土壤中。健康的森林在吸收二氧化碳方面有著重要作用。
   - **再造林和森林管理**：增加森林覆蓋率和改善森林管理可以增強森林碳匯能力。這包括植樹造林、恢復退化森林和防止森林砍伐。

2. **土壤碳匯（黃碳）**
   - **農業土壤**：透過採用保護性耕作、有機農業和其他永續農業行為，可以增加土壤中的有機碳含量，提升土壤碳匯能力。
   - **濕地和草地**：濕地和草地在儲存碳方面也具有重要作用，這些生態系統能夠有效地將碳儲存在土壤和植物中。

3. **海洋碳匯（藍碳）**
   - **海洋和海洋生物**：海洋透過物理作用和生物反應過程吸收大量二氧化碳。浮游植物經由光合作用吸收二氧化碳，將碳沉降到深海。
   - **藻類和海草床**：這些海洋生態系統具有高效率的碳吸收和碳儲存能力。

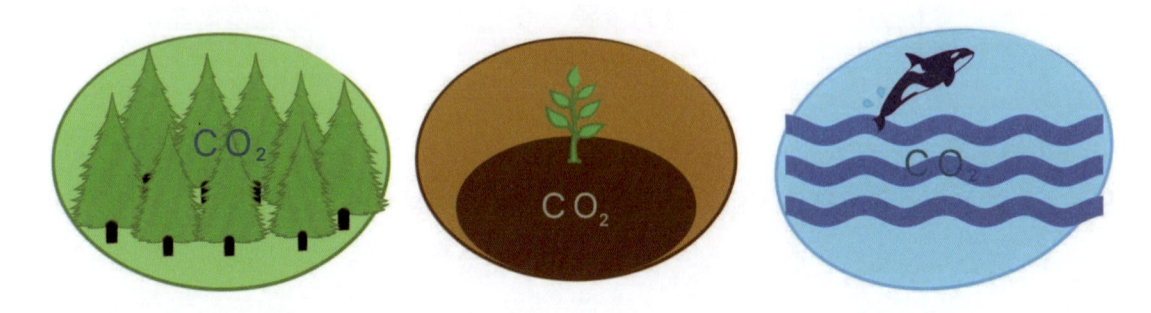

> **提示！**
>
> **自然解方（Nature-based Solutions, NbS）** 是利用自然或模仿自然功能來解決社會挑戰的永續策略，特別適用於應對氣候變遷、水資源管理、生物多樣性喪失等問題，同時帶來生態、經濟與社會效益。其核心是以自然為基礎，透過措施如森林復育、濕地恢復、綠地設計、紅樹林保護等，實現碳吸收、防洪減災、生態修復和生活環境改善的多重目標。例如，植樹造林不僅提升碳匯，還有助於農田土壤改良與生物多樣性恢復；城市雨水花園和綠色屋頂則能減少熱島效應並改善

水資源管理。在推動碳淨零的過程中，自然解方是實現碳中和的重要方式，透過提升碳匯與減少溫室氣體排放應對全球氣候挑戰。然而，自然解方仍面臨資金、土地利用衝突與政策框架不足等挑戰，需長期規劃與多方協作來確保其成效和永續性。

碳匯的優點

1. **減少大氣二氧化碳濃度**

    碳匯是自然或人工系統，能夠透過吸收和儲存二氧化碳來減少大氣中的溫室氣體濃度，從而緩解氣候變化的影響。自然碳匯主要包括森林、海洋和土壤，這些生態系統透過光合作用和其他生物化學過程吸收大氣中的二氧化碳。人工碳匯則涉及技術手段，如碳捕捉與封存技術（CCS），這些技術將工業排放的二氧化碳捕捉後儲存於地下岩層，防止其進入大氣。

    透過有效管理和增強這些碳匯，可以大幅減少全球溫室氣體的濃度，有助於達到國際氣候目標，如巴黎協定中規定的全球溫度控制目標。保護和恢復自然碳匯還可以提升生物多樣性、改善生態系統健康及增強社區的氣候適應能力。

2. **生物多樣性保護**

    保護和恢復碳匯生態系統，如森林和濕地，對於保護生物多樣性和維護生態平衡具有重要作用。森林和濕地不僅是重要的碳匯，透過吸收大氣中的二氧化碳來對抗氣候變化，它們同時提供了生物多樣性的棲息地。

    森林覆蓋著地球的約 31% 的陸地面積，支持著地球上大部分的陸生物多樣性。森林的健康直接影響到無數物種的生存，包括許多瀕危物種。透過進行樹木種植和防止森林砍伐，可以增加生物棲息地，同時增強森林的碳儲存能力。

    濕地也是生物多樣性的重要地區，同時具有高效的碳捕捉能力。它們不僅能夠儲存碳，還能調節水質，控制洪水，並為無數水生和陸生生物提供必要的生存條件。恢復和保護濕地有助於確保這些功能的持續，從而維持整個生態系統的平衡。

    透過對森林和濕地等碳匯生態系統的保護和恢復，我們不僅能有效應對氣候變化，還能保護和豐富地球的生物多樣性，實現生態與環境的永續發展。

3. **土壤健康和生態系統服務**

   提升土壤有機碳含量對於改善土壤結構和肥力、增強生態系統的服務能力具有重要作用。有機碳是土壤健康的重要指標之一，源自植物殘體、動物遺體和微生物活動的分解產物。增加土壤中的有機碳可以改善其物理性質，提高孔隙密度和保水性，這不僅有助於根系的健康發展，減少灌溉需求，還能促進微生物的多樣性和活動，增強養分循環，從而提高土壤肥力。豐富的土壤有機碳也有助於水分保持和減少洪水風險，對固碳和減少大氣中二氧化碳濃度有積極、正面的影響。因此，透過實施覆蓋作物、有機農業和減少耕作等土地管理策略，不僅可以提升土壤品質和生產力，還能實現環境的永續發展。

碳匯的挑戰

1. **自然災害和氣候變化**

   森林火災、乾旱和其他自然災害對碳匯造成的破壞可導致大量碳釋放至大氣中，這些災害的頻率和強度在氣候變化的影響下可能增加。這不僅對碳匯的穩定性和吸收能力構成威脅，還可能形成一個惡性循環，進一步加劇全球溫室氣體濃度的上升和氣候變化的影響。

   森林是重要的碳匯，能吸收和儲存大量的二氧化碳。然而，當森林遭遇火災時，存儲的碳被迅速釋放，加劇了氣候暖化。且乾旱會降低植被的生產力，限制其進行光合作用的能力，進而降低其碳固定的效率。這些現象顯示了保護和恢復森林和其他重要生態系統的重要性，以保持其碳匯功能，並減少未來可能因更極端的氣候條件而引起的負面影響。透過全球合作，加強對這些自然系統的管理和保護，是對抗氣候變化不可缺少的一部分策略。

2. **土地利用變化**

   森林砍伐、土地退化和城市化等人類活動對碳匯的面積和功能造成了明顯減弱，降低了其吸碳能力。森林砍伐導致大量樹木被清除，這不僅失去了碳儲存的自然容器，還釋放了存儲在樹木和土壤中的碳。土地退化——如過度放牧、不當的農業行為和過度開採——削弱了土壤結構，減少了其有機質含量，進一步降低了土壤的自然碳匯能力。隨著城市擴展，原本的綠地被硬化表面所替代，不僅直接減少了城市的綠色空間，也間接影響了城市周邊地區的生態系統。這些變化降低了生態系統的總體碳匯功能，增加了城市熱島效應，進一步

加劇了氣候變化。因此，實施有效的環境保護政策、推動永續土地使用和城市規劃，以及恢復和保護自然生態系統尤其是森林和濕地，是提升碳匯效能和應對氣候變化挑戰的重要策略。這些措施不只有助於碳減排，還能維持生物多樣性和生態平衡，提供更多的環境和社會經濟利益。

> **補充　熱帶雨林從碳匯變碳源**
>
> 熱帶雨林是地球的重要碳匯和氣候穩定器，在碳淨零過程中發揮重要作用。它們透過吸收二氧化碳並將其儲存在植被和土壤中，有效減緩氣候變遷，並調節全球氣候和降雨模式。然而，森林砍伐和土地用途改變釋放大量碳，成為僅次於化石燃料的第二大碳排放來源，對碳淨零目標構成重大挑戰。保護和恢復熱帶雨林是實現碳淨零的重要措施，作為自然氣候解決方案（NCS）的核心，涵蓋減少砍伐、再造林和可持續土地管理。國際合作、碳市場機制（如REDD+）、資金支持和當地社區參與是關鍵推動力，科技應用則提供監測和數據支持。保護熱帶雨林不僅有助於實現碳淨零，還能促進生物多樣性和社會永續發展，為全球應對氣候變遷帶來新的希望與信心。

▲ 亞馬遜雨林
圖片來源：https://zh.wikipedia.org/zh-tw/%E7%83%AD%E5%B8%A6%E9%9B%A8%E6%9E%97

3. **監測和管理**

   精確評估和監測碳匯的碳吸收量和儲存量需要依賴先進的技術和長期的資料支持。這包括利用遙感技術、地理資訊系統（GIS）、衛星影像以及地面監測設施來追蹤和分析碳匯如森林和濕地的碳存量變化。碳模型和生態系統模擬工具也是不可缺少的，它們可以幫助科學家模擬不同管理實踐和氣候條件對碳匯功能的影響。持續的資料收集和分析有助於理解碳匯的動態變化，評估保護和恢復措施的效果，並為未來政策制定提供科學依據。這些技術和資料的應用不僅提高了碳匯管理的精確度，還支持了全球對抗氣候變化的努力。

補充　氣候追蹤 Climate TRACE

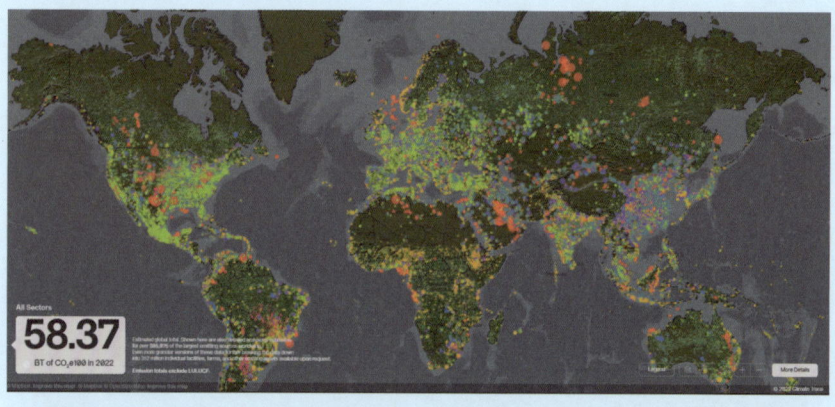

利用人工智慧的機器學習技術來分析來自 300 多顆衛星、11,100 多個感測器以及眾多其他排放資訊來源，能夠建立精確的模型，從源頭估算排放量，實現獨立、透明和即時的碳排放監測。這些技術透過整合和分析來自多層次的資料，能夠自動化地識別排放源、量化排放規模，並持續追蹤變化。

這種方法不僅提高了碳排放數據的準確性，還能即時更新監測結果，讓決策者、企業和公眾更快地獲得精確的排放資訊。這種獨立和透明的監測系統將大幅增強對排放源的視覺化設計，進一步支持全球碳減排政策和行動的有效落實，並推動永續發展。

（資料來源：https://climatetrace.org/explore）

💡 發展趨勢和策略

1. **加強保護和恢復**

   透過制定和執行政策法規，加強森林、濕地和海洋等生態系統的保護和恢復工作是提高這些生態系統碳匯能力的重要途徑。這包括設立自然保護區、推動生

態恢復項目、限制開發活動和實施永續管理實踐。例如：森林保護可以透過禁止非法砍伐和推動植樹計劃來實現，而濕地和海洋的保護則需著重於減少污染和恢復生態功能。結合國際合作和地方參與，利用科學研究和傳統知識來設計保護策略，可以有效地增強這些生態系統的健康與穩定。這些行動不僅有助於固碳和減少大氣中的二氧化碳，還能增強生物多樣性、改善水質和提供社會經濟利益，如防洪控制及提供休閒旅遊機會，從而實現全球氣候目標和促進生態永續發展。

2. **推動永續農業**

   推廣保護性耕作和有機農業等永續農業行為，是提升農業土壤碳匯能力的有效途徑。這些方法包括不翻土耕作、覆蓋作物和作物輪作等保護性耕作技術，有助於保持土壤結構，減少侵蝕，並促進土壤有機物的累積，從而減少土壤碳的流失並增強土壤作為碳匯的功能。同時，有機農業經由避免使用化學肥料和農藥，強調使用自然資源管理方法，不僅支持生物多樣性，還能增強土壤的有機碳儲存，提高作物的抗性。這些永續農業行為不僅改善了土壤健康和作物產量，還減少了農業對環境的壓力，並有助於應對氣候變化。透過這些措施的推廣，農業部門可以在增加食品生產的同時，貢獻於全球碳減排和氣候變化緩解的努力。

3. **國際合作**

   加強國際間的合作並共享碳匯保護和管理的經驗與技術是應對全球氣候變化的重要挑戰。這種合作可涵蓋共同開發和實施碳匯增加項目、支持科研合作、技術轉移，以及政策和經濟激勵的協調。國際組織和協議，如聯合國氣候變化框架公約（UNFCCC）和巴黎協定，提供了一個平台，使成員國能夠分享最佳實踐、協調政策和動員資源。透過這些努力，國際社會可以更有效地保護和恢復森林、濕地、草原和海洋等重要生態系統，這些生態系統在減少大氣中的二氧化碳、維持生物多樣性和生態平衡方面發揮著重要的作用。這種全球性的合作精神不僅提升了對氣候變化的整體應對能力，還促進了全球環境治理的進步，對建立一個永續和氣候韌性的未來極為重要。

4. **技術創新**

   利用遙感技術、數據分析和模型模擬等先進技術可以明顯提高碳匯監測和管理的準確性。遙感技術使科學家能從遠距離收集關於大範圍碳匯如森林和濕地的環境資料，這對持續監測植被覆蓋和土地利用變化特別有效。數據分析工具和統計方法則處理這些數據，提供關於碳匯變化的深入觀察，識別趨勢和模式。

透過模型模擬，可以使用收集的數據預測未來變化，評估不同管理策略對碳匯功能的影響，從而支持制定科學的管理和保護策略。這些技術的整合使用不僅提高了對碳匯現狀和趨勢的理解，還強化了對氣候變化影響的反應能力，使碳匯管理更為精確和有效。

5. **國際合作**
   - 簽署和執行國際協定，例如：《巴黎協定》和《京都議定書》，共同應對全球氣候變化挑戰。
   - 提供技術和資金支持，幫助發展中國家實現低碳發展。

> **補充**
>
> **碳匯**在全球應對氣候變化中扮演著領頭羊角色。碳匯指的是指能夠吸收和儲存二氧化碳的自然系統或人造系統，如森林、土壤、濕地和海洋。這些系統透過吸收大氣中的二氧化碳，減少了溫室氣體的濃度，從而幫助穩定地球的氣候。
>
> 森林是最重要的碳匯之一，透過光合作用，樹木將二氧化碳轉化為有機物質，並將其儲存在樹幹、根系和土壤中。全球森林每年吸收的二氧化碳量相當於人類活動排放的約三分之一，因此保護和恢復森林對減少大氣中的二氧化碳濃度最為重要。然而，森林砍伐和退化不僅減少了碳匯的效能，還會釋放已儲存的碳，進一步加劇氣候變化。因此，防止森林砍伐、推動植樹造林和森林永續管理是增強碳匯功能的重要措施。
>
> 土壤也是一個巨大的碳匯，特別是富含有機物的土壤系統。透過適當的農業和土地管理實踐，如減少耕作、覆蓋作物和有機肥料的使用，土壤可以吸收和儲存大量的碳，同時改善土壤健康和農業生產力。保護草原和濕地也是增強土壤碳儲存的有效方式，這些生態系統不僅儲存碳，還提供多種生態服務，如水源保護和生物多樣性的維護。
>
> 海洋作為地球最大的碳匯，吸收了約四分之一的人類二氧化碳排放量。海洋植物，如海草和藻類，經由光合作用吸收二氧化碳，而海洋生物的死亡和分解過程也能將碳沉積到海底。保護海洋生態系統，如海草床、紅樹林和珊瑚礁，是增強海洋碳匯能力的重要措施。同時，防止海洋酸化和過度捕撈也對維持海洋碳匯的穩定性非常重要。
>
> 透過加強碳匯的保護和管理，我們可以有效減少大氣中的二氧化碳濃度，緩解氣候變化的影響。這不僅有助於達成國際氣候目標，如《巴黎協定》中的溫控目標，還對於實現永續發展目標具有重要意義。增強碳匯的能力還能帶來其他環境和社會效益，如保護生物多樣性、促進水土保持、改善空氣品質以及支持當地社區的生計。
>
> 總體而言，碳匯是全球應對氣候變化的一個關鍵工具。透過協同努力，加強對碳匯的保護、恢復和管理，我們可以在減少溫室氣體濃度的同時，推動全球永續發展過程，為未來世代創造更加穩定和健康的地球環境。

氣候變化的影響和後果

溫室氣體的控制和減排是因應氣候變化的基礎。透過全球合作、技術創新和政策支持，我們可以減少溫室氣體排放，緩解氣候變化的影響，實現永續發展目標。

氣候變化對地球上的各個領域都產生了深遠影響，尤其是對農業、漁業、森林生態系統和水資源的影響最為明顯。這些變化不僅威脅到自然環境的穩定性，也對人類社會的經濟和生活品質產生了重大挑戰。

1. **氣候變化**

    氣候變化導致的全球溫度上升和降雨模式的改變，對農業生產帶來了諸多不利的影響。隨著氣溫的不斷上升，許多農作物的生長季節發生變化，一些傳統上適合種植特定作物的地區，可能因為過高的溫度或過少的降水而變得不再適宜。因此，極端天氣事件的增加，例如：旱災和洪水，也使得農作物面臨更高的生產風險。這些變化可能導致糧食產量的波動，進一步加劇全球糧食安全問題，尤其是在依賴農業為生的發展中國家，這一問題最為嚴重。

2. **漁業方面**

    氣候變化對海洋環境的影響同樣令人擔憂。隨著海洋溫度的上升，許多海洋生物的棲息地發生了變化，魚類和其他海洋生物的分佈範圍也隨之改變。海洋酸化問題日益嚴重，這是由於大氣中的二氧化碳濃度增加導致更多的二氧化碳被海洋吸收，進而引起海水酸度上升。海洋酸化對海洋生態系統，尤其是對珊瑚礁和貝類等依賴鈣化過程的生物，構成了嚴重威脅。這不僅破壞了海洋生物的多樣性，還可能對全球漁業資源造成嚴重損害，進而影響到依賴漁業為生計的社區和國家。

3. **在森林生態系統方面**

    氣候變化導致的乾旱和高溫條件增加了森林火災的風險，這對森林生態系統的穩定性和生物多樣性構成了巨大挑戰。森林火災不僅破壞了大片森林，還釋放大量的二氧化碳，加劇了溫室效應。氣候變化還影響了森林的健康狀況，使得一些病蟲害的繁殖更加頻繁，對森林的再生能力造成不利影響。這些變化對於全球碳循環的穩定性也具有重要意義，因為森林在吸收和儲存大氣中的二氧化碳方面有著重要作用。

4. **在水資源的穩定性方面**

   氣候變化對水資源的穩定性也產生了明顯的影響。隨著降雨模式的改變，一些地區面臨更嚴重的乾旱，而另一些地區則遭受更多的洪水。這種不穩定性不僅影響到飲用水的供應，也威脅到農業灌溉系統，進而影響到糧食生產。全球許多地區的水資源壓力正在增加，尤其是在那些依賴冰川融水或季風降水的地區，氣候變化可能導致水資源的可用性大幅下降。

綜合來看，氣候變化對農業、漁業、森林和水資源的影響是廣泛而深遠的。這些變化不僅威脅到全球環境的穩定性，也對人類社會的永續發展構成了嚴峻挑戰。因此，理解和應對這些影響，採取有效的減緩和適應措施，是全球社會面臨的緊迫任務。

▲ 資料來源：https://commons.m.wikimedia.org/wiki/File:Bavi_2020-08-26_0230Z.jpg

1-2 碳淨零的概念及其重要性

碳淨零的定義

是指一個系統在特定時間內，其排放的溫室氣體量與透過碳捕捉、封存和碳抵消等方式從大氣中去除的溫室氣體的量相等。碳淨零的實現要求全社會、企業和個人共同努力，減少碳排放並增加碳吸收。

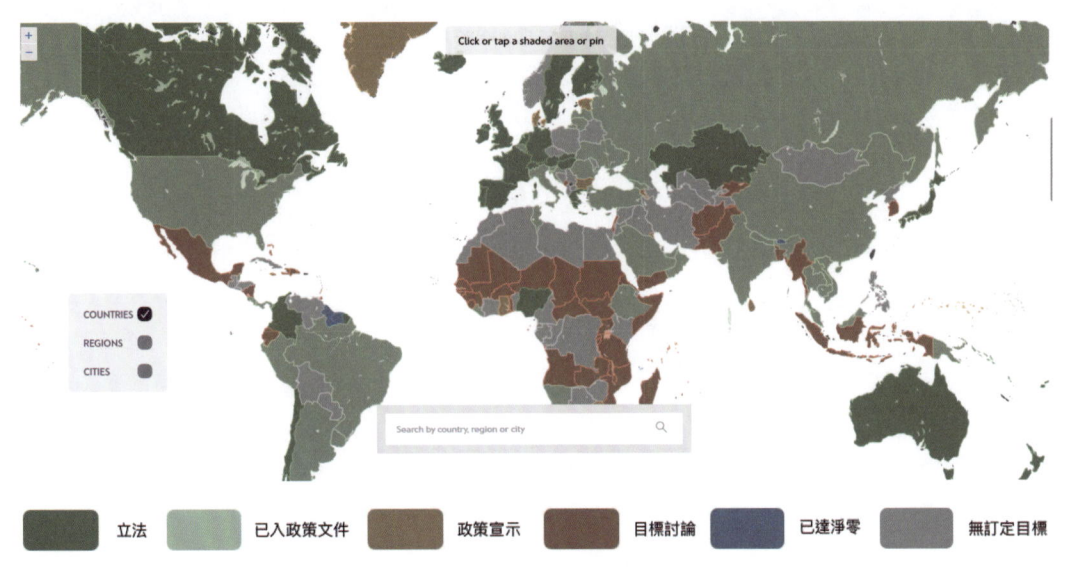

▲ 全球 198 個國家，已有 140 多國宣示 2050 淨零排放目標
資料來源：https://zerotracker.net/

> **提示！**
>
> 碳抵消（Carbon Offsetting）是指一種補償碳排放的策略，即透過投資於其他地方的減排項目來抵消自己無法避免的溫室氣體排放。通常包括可再生能源、能源效率提升、森林保護和再造林、以及其他碳吸收和儲存技術。碳抵消的目的是達到碳中和，即透過抵消措施使一個人或組織的淨碳排放量為零。

碳揭露（Carbon Disclosure）

碳揭露是指組織、公司或國家公開披露其溫室氣體排放量及其減排措施的過程。這一過程通常涉及報告直接和間接的碳排放數據，並說明為減少碳足跡所採取的策略

和行動計劃。碳揭露的目的是提高透明度，促使企業和政府對氣候變化負責，並促進永續發展。

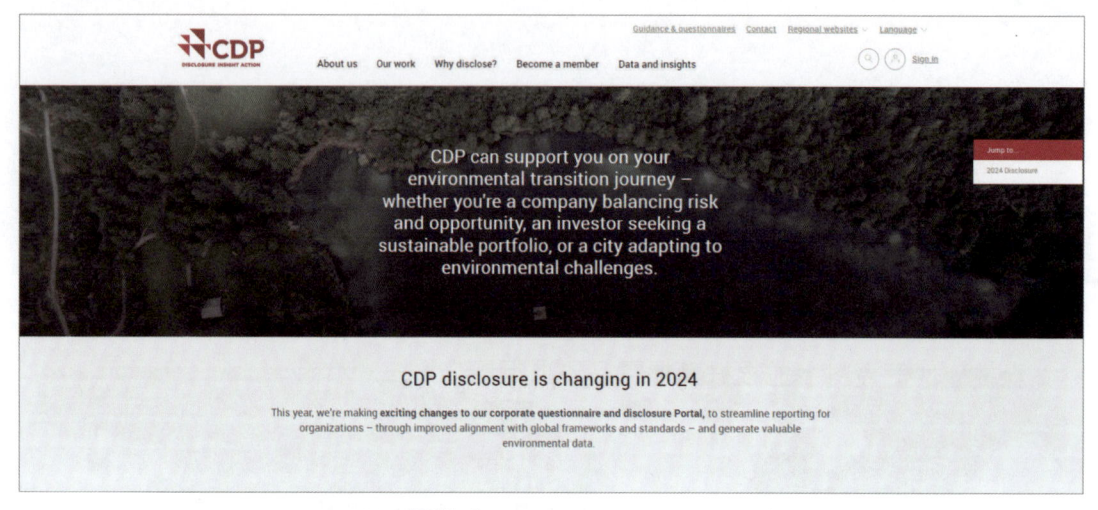

▲ CDP 網站（https://www.cdp.net/en）

💡 碳揭露的主要內容

1. **溫室氣體排放量**
   - 範疇 1（Scope 1）：直接排放，即來自公司自有或控制的資產的排放（如工廠、車輛）。
   - 範疇 2（Scope 2）：間接排放，主要來自公司購買的電力、蒸汽、熱能或冷能的使用。
   - 範疇 3（Scope 3）：其他間接排放，涉及供應鏈、產品生命周期、員工通勤、業務旅行等活動中的排放。

2. **碳管理策略**
   企業或組織減少碳排放的計劃和措施，包括能源效率提升、可再生能源使用、碳補償等。

3. **氣候風險與機會**
   分析和報告氣候變化可能對企業運營和財務狀況帶來的風險，以及在能源轉型過程中可能出現的機會。

4. 目標和進展

   設定具體的碳減排目標（如基於科學的碳目標，SBTs），並報告進展情況，以展示對應對氣候變化的承諾。

碳揭露的主要框架和機構

1. CDP（原名碳揭露計劃，Carbon Disclosure Project）

   CDP 是一個國際非營利組織，旨在促進企業和城市披露其環境影響數據。CDP 為企業提供了一個標準化的平台來報告溫室氣體排放量、水資源使用和森林砍伐等資料，並根據其揭露品質進行評分。

2. 氣候相關財務披露工作組（TCFD，Task Force on Climate-related Financial Disclosures）

   TCFD 為公司提供了關於如何報告氣候相關財務風險和機會的建議，這些建議得到了全球金融市場的廣泛支持。

3. GRI（全球報告倡議組織，Global Reporting Initiative）

   GRI 提供了一套永續發展報告標準，其中包括環境影響的披露要求。

4. SBTi（科學碳目標倡議，Science Based Targets initiative）

   SBTi 幫助企業設定與巴黎協定一致的碳減排目標，並透過公開承諾和報告來推動企業採取行動。

碳揭露的意義

1. 提高透明度

   碳揭露促使企業和政府公開其環境影響，為投資者、消費者和其他利益相關者提供重要資訊。

2. 促進永續投資

   隨著越來越多的投資者將環境、社會和治理（ESG）因素納入投資決策，碳揭露資料成為評估企業永續性的重要依據。

3. 推動行動

   透過碳揭露，企業和政府可以識別碳排放的主要來源，並制定相應的減排策略，有助於實現全球碳減排目標。

4. 減少風險

   經由披露和管理氣候相關風險，企業可以減少財務和運營風險，並抓住能源轉型過程中的機遇。

碳揭露正在成為全球應對氣候變化的重要工具，它不僅促進了環境透明度，還推動了企業和政府對氣候行動的承諾和責任。

SBT（基於科學的碳目標）

SBT（Science Based Targets）是企業和組織設定碳減排目標的一種方法，這些目標與最新的氣候科學相一致，旨在實現《巴黎協定》中的目標，即將全球平均氣溫升幅控制在工業化前水平以上「遠低於 2°C」，並努力將升溫限制在 1.5°C 以內。

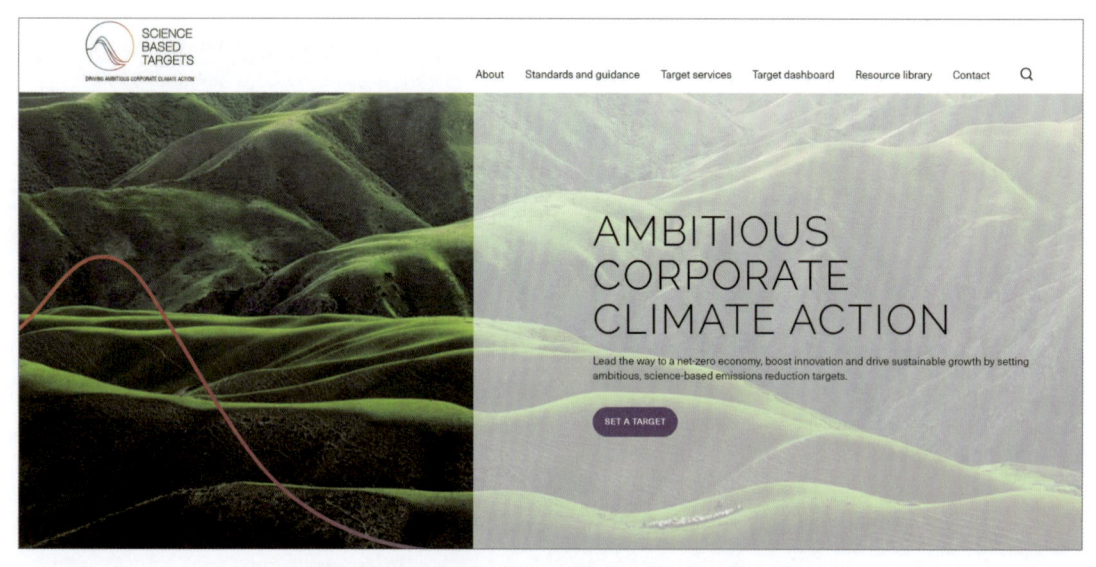

▲ SBT 網站（https://sciencebasedtargets.org/）

SBT 的主要內容與步驟

1. 設定科學碳目標

   企業根據氣候科學制定碳減排目標，這些目標需要與全球減排曲線保持一致，以避免最壞的氣候變化影響。減排目標通常涵蓋企業的直接排放（範疇 1）和間接排放（範疇 2），以及價值鏈中的其他間接排放（範疇 3）。

2. 符合氣候科學

   企業的目標需要基於公認的減排方法學和參考模型,以保證這些目標與氣候科學的最新發展相符合。常用的方法包括絕對收縮法(Absolute Contraction Approach)和行業脫碳法(Sectoral Decarbonization Approach, SDA)。

   > **提示!**
   >
   > 行業脫碳法(Sectoral Decarbonization Approach, SDA):採用這種方法,是為了使行業內所有企業在 2050 年(電力業與海運業為 2040 年)收斂至一個共同的排放強度。近期目標採用 SDA 公式,該公式根據企業的起始點、目標年和預計產量增長來調整企業的目標。就遠期目標而言,目標年的排放強度正好等於該行業 2050 年(電力業與海運業為 2040 年)的排放強度。
   >
   > 絕對收縮法(Absolute Contraction Approach):用於計算絕對減排目標的方法,要求企業的絕對減排量達到 1.5˚C 的減碳路徑要求。最小減排量按線性減排率來計算(約每年 4.2%),對於遠期科學減碳目標來說,最小減排量按總量來計算(約 90%),也稱為「絕對減排法」。
   >
   > (資料來源:https://www.isoleader.com.tw/home/iso-coaching-detail/SBTi)

3. 目標提交與評估

   企業需將設定的目標提交給科學碳目標倡議(SBTi)進行評估。SBTi 是由 CDP、聯合國全球契約(UN Global Compact)、世界資源研究所(WRI)和世界自然基金會(WWF)共同發起的全球性組織。SBTi 會審核企業目標,確保其符合科學要求並給予認可。

4. 實施與報告

   企業需要按照設定的科學碳目標進行減排行動,並定期報告進展情況,確保資訊透明度。

5. 持續改進

   隨著氣候科學和技術的發展,企業可能需要更新或提高其目標,以持續保持與最新科學一致。

6. SBT 的重要性

   與全球氣候目標一致:SBT 確保企業的減排目標與全球氣候暖化限制目標一致,幫助全球實現長期氣候穩定。

7. 企業責任

    透過設定並實現 SBT，企業可以展示其在應對氣候變化方面的領導力和承諾，提升品牌形象及競爭力。

8. 風險管理

    科學碳目標有助於企業識別和管理與氣候變化相關的風險，包括法規變化、市場轉型和投資者的壓力。

9. 促進永續發展

    SBT 促進企業採取永續的業務模式和創新技術，減少碳排放並提高能源效率，對環境和經濟都具有長遠的積極影響。

💡 SBTi 的作用

SBTi 作為科學碳目標的倡導者和審核機構，幫助企業制定符合科學的碳減排目標。它為企業提供指導、工具和方法學，確保設定的目標能夠實現氣候暖化限制的全球目標。此外，SBTi 還進行目標的審核和認證，並促進企業間的合作和交流，推動整個行業向低碳轉型。

總而言之，SBT 是推動企業走向低碳經濟過渡的重要工具，有助於全球共同應對氣候變化挑戰。

▼ SBTi 對於範疇 1 與 2 目標之減量程度要求

企業類型	減量情境	絕對減量目標	密集度減量目標
一般企業	遠低於 2°C	每年絕對排放量線性減少 2.5% 是一種穩定且可預測的減排模式，基於固定基準年逐年減少總排放量，以實現碳中和目標。	特定產業者需遵循專屬的產業脫碳路徑，確保每年絕對排放量以線性方式至少減少 2.5%。這一要求旨在推動產業實現穩定且具體的減排目標，平衡減排壓力與技術進步，並支持低碳轉型和碳中和目標的逐步落實。
	1.5°C 情境	每年絕對排放量線性減少 4.2% 是一種穩定的減排策略，逐年以基準年的排放量為基礎減少，累積效果明顯。	依淨零標準（Net-Zero Standard）的目標。

企業類型	減量情境	絕對減量目標	密集度減量目標
中小企業	遠低於 2°C	以 2018 年為基準年，承諾在 2030 年前將範疇 1（直接排放）和範疇 2（能源間接排放）的溫室氣體絕對排放量減少 30%，同時積極衡量並逐步減少範疇 3（其他間接排放）的排放量。這一目標符合國際減碳趨勢，強調全方位減排措施，助力企業推進低碳轉型，並實現永續發展目標。	
	1.5°C 情境	以 2018 年為基準年，承諾到 2030 年將範疇 1（直接排放）和範疇 2（能源間接排放）的溫室氣體絕對排放量減少 50%，並積極衡量與減少範疇 3（其他間接排放）的排放量。此目標展現了對全球氣候行動的高度承諾，推動全面減排，並強化企業在低碳轉型與永續發展中的領導角色。	

碳抵消的主要類型

1. **可再生能源項目**

   風能、太陽能、水力發電和生物能等項目，這些項目取代了傳統的化石燃料發電，從而減少了二氧化碳的排放。

2. **能源效率項目**

   改善建築物、工業設施和運輸系統的能源效率，減少能源消耗和相應的碳排放。

3. **森林保護和再造林**

   保護現有的森林免受砍伐，這些森林自然地吸收二氧化碳。推廣植樹造林和恢復退化土地，增加碳吸收量。

補充

樹木是大氣中二氧化碳的天然封存者，對維持地球氣候平衡有著極為重要的作用。植物透過吸收空氣中的二氧化碳，利用光合作用將其轉化為固態的多碳分子，這些碳分子以有機物的形式儲存在樹木的木材和纖維結構中。這一過程不僅減少了大氣中的二氧化碳濃度，還有助於穩定全球氣候。

樹木的碳封存能力可以經由測量其胸高直徑來估算，這一指標反映了樹木的體積和生物量，從而可以推算出其積累的碳量。林木覆蓋量越大，代表著更多的碳被固定在樹木的生物量中。因此，保護森林、推動植樹造林以及永續的森林管理，都是增加碳封存、減少大氣中二氧化碳濃度的有效策略。

當樹木被砍伐並用於建材或加工製作時，固存在木材中的碳將被長期封存，不再回到大氣中的碳循環中。因此，增加木材的使用，尤其是用木材替代水泥、金屬等其他高碳排放的材料，是近年來被提倡的提升碳儲存量的有效方式之一。木材的應用不僅可以降低建築和製造過程中的碳足跡，還有助於延長碳封存的時間，從而進一步減少溫室氣體排放。

木材的使用還具有環保和經濟的雙重效益。木材是可再生資源，其生產過程所需的能源相對較少，並且在整個生命週期中能夠吸收並封存大量碳。相比之下，水泥和金屬的生產過程不僅耗能高，還會產生大量的二氧化碳。因此，推廣木材在建築、家具和其他產品中的應用，不僅可以提升碳封存量，還能減少對環境的負面影響。

總而言之，樹木在全球碳循環中扮演著不可替代的角色。透過增加木材的使用、保護森林和推動永續的森林管理，我們可以有效地提高碳封存能力，減緩氣候變化的過程，並促進全球的永續發展。

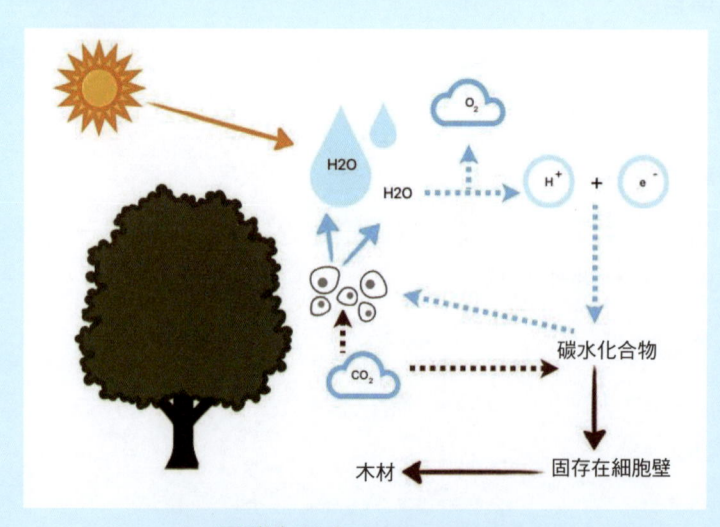

▲ 固碳方程式 Carbon Fixation
資料來源：科博館

4. **甲烷回收和利用**

   收集和利用來自垃圾掩埋場、廢水處理廠和畜牧業所排放的甲烷，既能防止這種強效溫室氣體直接排放到大氣中，減少對氣候變化的影響，還能將其用於發電或其他能源用途，實現資源的有效利用。在垃圾掩埋場，透過捕捉甲烷氣體並將其轉化為能源，不僅減少了溫室氣體排放，還為社區提供了可再生能源。類似地，在廢水處理廠和畜牧業中，收集並利用甲烷可以轉化為電力或熱能，降低對化石燃料的依賴。這種雙重效益的做法促進了能源的永續發展，並為減少溫室氣體排放做出了重要貢獻。

5. **碳捕捉與封存（CCS）項目**

   將工業和能源生產過程中產生的二氧化碳捕捉並封存在地下地質構造中，是防止其進入大氣的一種有效技術。這種二氧化碳捕捉與封存（CCS）技術透過在二氧化碳排放源設置捕捉設備，將二氧化碳從廢氣中分離出來，隨後將其壓縮並注入地下深處的地質結構中，如枯竭的油氣田或深層鹽水層。這些地下封存地點具有天然的封閉能力，能夠長期、安全地儲存二氧化碳，從而有效減少溫室氣體排放，減緩氣候變化的影響。CCS 技術對於依賴化石燃料的工業和發電廠尤為重要，為這些行業提供了一種過渡性解決方案，使其在向低碳經濟轉型的過程中，能夠持續減少碳排放。

💡 碳抵消的過程

1. **計算碳足跡**

   需要計算一個人或組織的碳足跡，以確定其年度溫室氣體排放總量。這通常透過使用碳信託計算器或其他專業工具來完成。這些工具會根據能源消耗、交通方式、廢棄物處理、購物行為等多種因素，對所排放的二氧化碳等溫室氣體進行量化計算。透過精確了解碳足跡，個人或組織可以識別主要的排放來源，從而制定有效的減排策略目標，進一步減少對環境的影響並促進永續發展。

2. **減少碳排放**

   優先考慮減少自身的碳排放是實現永續發展的重要一步，這可以經由多種措施來實現，包括提升能源效率、使用可再生能源和改進運營流程等。提升能源效率可以從減少能耗入手，如採用節能設備、改善建築設計或改進製造工藝。使用可再生能源，如太陽能、風能或地熱能，則可以直接降低對化石燃料的依

賴，減少二氧化碳排放。此外，改進運營流程，如改善供應鏈、減少浪費和提高資源利用率，也能明顯降低碳足跡。透過這些措施，個人或組織不僅能實現減碳目標，還能提高經營效率和經濟效益。

3. **購買碳抵消憑證**

    對於無法避免的排放，可以購買碳抵消憑證，這些憑證代表了在其他地方實現的溫室氣體減排量。碳抵消項目通常包括植樹造林、可再生能源項目、能源效率提升、甲烷捕捉等。當個人或組織購買碳抵消憑證時，他們資助的這些項目會抵消他們自身難以避免的碳排放。這種做法提供了一種靈活的方式，幫助實現碳中和目標，並支持全球減排努力。透過購買碳抵消憑證，個人和企業可以在降低自身環境影響的同時，促進永續發展以及環境保護。

4. **選擇碳抵消項目**

    選擇可信的碳抵消項目最為重要，確保這些項目符合國際標準，例如：Gold Standard、Verified Carbon Standard（VCS）等，以確保其能夠真正減少碳排放。這些標準為碳抵消項目提供了嚴格的認證流程，確保項目在設計、執行和監測方面達到高水平的環境保護資訊的完整性。當個人或組織選擇這些經過認證的項目時，可以更放心地相信，所支持的項目確實在減少溫室氣體排放，並且這些減排是可量化和查核的。這些標準還確保碳抵消項目能夠帶來社會和環境方面的共益，如保護生物多樣性和改善社區生活條件。因此，選擇符合這些國際標準的碳抵消項目，能夠更有效地支持全球氣候行動和永續發展目標。

5. **驗證和報告**

    碳抵消項目需要定期進行驗證，以確保其實際產生的減排效果。這些項目應該根據認證標準的要求，定期由獨立的第三方機構進行審核和驗證，確保減排資料的準確性。驗證過程應包括對項目活動的現場檢查、資料審核以及減排量的計算。報告結果應該公開透明，並且可以供公眾和相關利益相關者查閱和審查。這種透明度和審查機制有助於建立對碳抵消項目的信任，確保投資者和參與者能夠確信他們的資金真正用於減少溫室氣體排放，並且這些減排效果是持久且可驗證的。透過這些措施，碳抵消項目可以更加有效地促進全球減排目標的實現。

碳抵消的優點

1. **實現碳中和**

    透過投資於減排項目，個人和組織可以抵消其無法避免的碳排放，從而實現碳中和目標。這些減排項目通常包括可再生能源開發、森林保護與造林、能源效率提升以及甲烷捕捉等。當個人或組織投資於這些項目時，他們所資助的減排量可以用來抵消自身難以減少的碳排放，達到平衡排放的效果。這種策略不僅有助於個人和組織履行環境責任，還支持了全球範圍內的氣候行動，推動永續發展。透過積極參與碳抵消活動，個人和組織能夠在實現碳中和的同時，促進創新、保護生態系統並改善社區生活。

2. **推動永續發展**

    碳抵消項目通常在多個方面發揮積極作用，包括促進可再生能源的發展、改善能源效率、保護生態系統以及促進社會經濟發展。這些項目透過支持太陽能、風能、生物質能等可再生能源技術的擴展，減少對化石燃料的依賴，從而降低溫室氣體排放。同時，經由提升能源效率，這些項目可以幫助企業和社區減少能源消耗，進一步減少碳足跡。

    碳抵消項目還致力於保護和恢復森林、濕地等自然碳匯，這些生態系統不僅能吸收二氧化碳，還為生物多樣性提供棲息地，並維持生態平衡。這些環保項目通常也會帶來社會經濟效益，例如為當地社區創造就業機會、提高生活品質以及推動永續經濟發展。因此，碳抵消項目不僅有助於減少全球碳排放，還促進了環境保護和社會福祉的提升。

3. **提升品牌形象**

    積極參與碳抵消計劃的企業可以顯著提升其環保形象，贏得消費者和投資者的信任和支持。透過投資於可再生能源、改善能源效率、保護生態系統和促進社會經濟發展的碳抵消項目，企業展示了對環境責任和永續發展的承諾。這不僅幫助企業履行社會責任，還增強了品牌競爭力，吸引了注重環保的消費者和投資者。隨著越來越多的消費者和投資者重視企業的環境和社會影響，參與碳抵消計劃能鞏固企業市場地位，增強品牌忠誠度，並確保在日益重視永續發展的市場中保持領先地位。而且這樣的行動還有助於企業減少潛在的環境風險，確保長期的業務穩定增長。

4. **促進技術創新**

   透過支持減排項目，碳抵消推動了清潔技術和可再生能源技術的發展，同時幫助企業提升環保形象，贏得消費者和投資者的信任。這些減排項目包括投資於風能、太陽能、生物質能等可再生能源技術，以及提升能源效率的創新方案。當企業和個人購買碳抵消憑證時，他們的資金直接支持了這些環保技術的研究、開發和商業化，降低了成本並加速了清潔能源的普遍性。

積極參與碳抵消計劃的企業展示了對環境責任和永續發展的承諾，不僅履行了社會責任，還增強了品牌競爭力，吸引了注重環保的消費者和投資者。這些行動有助於鞏固企業的市場地位，增強品牌忠誠度，並確保在日益重視永續發展的市場中保持領先地位。隨著清潔技術和可再生能源技術的不斷進步，碳抵消項目將進一步推動全球減排目標的實現，促進永續發展，並減緩氣候變化的影響。

碳抵消的挑戰

1. **額外性**

   碳抵消項目應確保其產生的減排效果是額外的，這意味著這些減排行動在沒有碳抵消資金支持的情況下是不會發生的。額外性是碳抵消項目的核心原則，確保投資者的資金真正促成了新增的減排活動，而不是支持那些已經計劃或預算內的項目。為了確保額外性，碳抵消項目必須經過嚴格的評估和驗證，證明其減排效果超出了現有法規或市場驅動下的常規行為。這種確保額外性的做法增強了碳抵消市場的透明度和公信力，推動清潔技術和可再生能源技術的發展，幫助企業提升環保形象。

2. **永久性**

   碳抵消項目必須保證其產生的減排效果也是持久的。持久性則要求減排效果能在長期內持續存在，尤其是在森林保護和再造林項目中，這些項目需要長期的維護和管理，以防止碳重新進入大氣層的風險。這要求項目實施方制定詳細的管理計劃，包括監測和防護措施，並確保有足夠的資源和政策支持。經由確保碳抵消項目的額外性和持久性，不僅增強了碳抵消市場的透明度和公信力，還推動了清潔技術和可再生能源的發展，支持全球減排目標的實現。

3. **驗證和透明度**

   碳抵消項目需要嚴格的驗證和監測，以確保其有效性。這些項目必須經過獨立第三方的審核，確保其達到國際標準，並且所宣稱的減排效果是真實且可量化的。定期監測和報告是必要的，以跟蹤項目的持續進展和減排成果。這些訊息應該公開透明，讓所有利益相關者都能夠查閱和審查，以增強對碳抵消項目的信任度和市場的完整性。透過這種嚴格的驗證和監測機制，碳抵消項目能更有效地支持全球減排目標，推動永續發展。

4. **價格波動**

   碳抵消憑證的價格可能會波動，影響碳抵消的成本和市場穩定性。價格波動可能由供需變化、政策調整、技術進步等因素引起，進而影響參與者的意願和項目的持續性。為保持市場穩定性，需要建立透明的定價機制和穩健的監管措施，以確保價格反映真實的市場情況，並促進碳抵消項目的長期進步。

碳抵消的發展趨勢

1. **強化標準和監管**

   隨著碳抵消市場的發展，碳抵消標準和監管將變得更加嚴格，以確保項目的品質和透明度。這些更嚴格的標準和監管措施將包括更高的驗證要求、更加頻繁的監測、以及對減排效果的精確量化和報告。獨立第三方審核將成為常態，所有項目的訊息將被要求公開透明，讓利益相關者能夠進行審查。這種嚴格的標準和監管不僅增強了市場信任度，還保障了碳抵消項目的有效性，進一步推動市場的健康發展和全球減排目標的實現。

2. **數位化和區塊鏈技術**

   利用數字評估和區塊鏈技術可以明顯提高碳抵消交易的透明度和可追溯性，同時降低交易成本。數字評估可以使碳抵消交易過程更加自動化和高效，減少中介環節，從而降低交易成本。區塊鏈技術則能為碳抵消憑證的交易提供一個透明、不可篡改的記錄，確保每一筆交易的真實性和可追溯性。這種技術能使所有參與者，包括企業、監管機構和消費者，都能清楚地看到每個碳抵消項目的來源、交易過程和最終用途，從而增強市場的透明度。透過數位化和區塊鏈技術的應用，碳抵消市場可以實現更高效的運作，更可靠的驗證，並為全球減排努力提供更加堅實的支持。

3. **企業參與增加**

   隨著市場的發展，碳抵消標準和監管將變得更加嚴格，以確保項目的品質和透明度。利用數字分析和區塊鏈技術，碳抵消交易的透明度和可追溯性將得到明顯提升，同時降低交易成本。這些技術確保每筆交易的真實性，增強了市場的信任度和運作效率。越來越多的企業將碳抵消納入其永續發展戰略，積極參與碳中和計劃，透過購買碳抵消憑證來補償無法避免的碳排放，實現碳中和目標。這不僅減少了環境影響，還提升了企業的品牌形象，推動全球減排目標的實現，並促進了全球經濟向低碳、綠色方向的轉型。

4. **全球合作**

   加強國際間的合作，促進碳抵消項目在全球範圍內的推廣和實施，實現全球減排目標。碳抵消作為應對氣候變化的重要手段，展現了明顯的潛力。透過精心設計和有效實施，碳抵消不僅能夠幫助企業、組織和個人抵消其無法避免的溫室氣體排放，還能夠推動全球範圍內的碳中和目標的實現。碳抵消機制包括支持各類減排項目，例如：可再生能源發電、森林保護與再造林、以及能效提升等，這些項目能夠在全球各地減少碳排放，甚至從大氣中移除二氧化碳。

碳抵消的潛力在於其靈活性和多樣性，這使得它能夠適應不同地區和行業的需求，為各種規模的排放者提供解決方案。當碳抵消項目被妥善管理和嚴格監控時，它們可以確保實際的減排效果，從而增強公眾和市場的信任感。

碳抵消還能促進永續發展，尤其是在發展中國家，許多碳抵消項目同時能夠改善當地社區的生活條件，提供就業機會，保護生物多樣性，並促進永續的土地利用。這些項目不僅減少了碳排放，還為當地經濟和環境帶來了長期的正面效益。

當碳抵消策略被正確理解並融入到更廣泛的氣候行動框架中時，它不僅能為全球減排目標做出重要貢獻，還能在全球範圍內推動更廣泛的永續發展過程。隨著各國對碳中和目標的承諾日益增加，碳抵消將在全球節能減排戰略中發揮越來越重要的作用。

碳淨零的重要性

碳淨零對於減緩氣候變化非常重要。實現碳淨零不僅能夠有效減少大氣中的溫室氣體濃度，從而幫助穩定全球氣候，還能對保護生態系統、維護生物多樣性、以及促進永續發展做出積極貢獻。隨著氣候變化帶來的風險日益明顯，碳淨零已成為各國政府、企業和社會的共同目標，也是在滿足國際協議如《巴黎協定》要求的關鍵步驟。

在企業層面，追求碳淨零不僅是對環境的責任，也是提升企業社會責任形象和競爭力的有效途徑。透過實施碳淨零戰略，企業可以展示其對永續發展的承諾，從而贏得消費者和投資者的信任。這不僅有助於品牌形象的提升，還能在市場競爭中佔據優勢地位。

在實現碳淨零的過程中，企業往往需要透過技術創新、業務模式轉型和流程最佳化來降低碳排放，這為企業開啟了新的市場機會。例如：投資於可再生能源、開發低碳產品、以及提升能效管理，都能為企業帶來經濟效益，同時降低對環境的負面影響。

總而言之，碳淨零不僅是應對氣候變化的必要手段，也是促進全球永續發展的核心戰略之一。對於企業而言，追求碳淨零既是應對環境挑戰的責任，也是創造經濟價值和增強市場競爭力的重要機會。隨著全球向低碳經濟的轉型，碳淨零將成為企業長期成功的主要因素之一。

案例解析　從「碳盤查」到「碳中和」，照表操課動起來！

過去，許多企業將永續視為簡單的環保措施或企業社會責任（CSR）活動，但如今，永續已成為企業生存的關鍵。未來十年內，台灣各行各業將面臨三大「永續強制法規」的挑戰，愈來愈多跨國企業已設立「永續長」，以統籌相關事務，積極卡位綠色供應鏈。以下是企業邁向永續的四大關鍵步驟：

1. 體檢：碳盤查

企業首先需選定目標，進行碳足跡盤查，量化直接與間接碳排放，並建立能源管理系統。這包含三個範疇：工廠生產的直接碳排、外購能源的間接碳排，以及其他間接碳排放如供應鏈、員工通勤等。

1.5 承諾：目標設定與宣告

企業應制定碳管理計畫，並宣告碳中和承諾，包含具體目標、期程和方法。可參考台灣金管會「上市櫃公司永續發展路徑圖」，逐步完成碳盤查與驗證。

2. 執行：碳減量

企業需實施碳管理計畫中的減碳措施，如供應鏈減碳、使用再生能源等。當製程或原料需技術升級時，可與供應鏈合作推動循環經濟，共同提升競爭力。

3. 抵換：碳排放抵換

若無法完全減碳，企業可透過購買碳額度進行抵換。目前台灣認可的抵換來源包括清潔發展機制（CDM）及環保署認可的額度等。

4. 達標：驗證與碳中和

企業在實施完上述步驟後，需進行驗證，確保碳中和的達成。這需要高層的共識與決心，各部門的協同參與，以及專業查證機構的驗證。

隨著全球淨零碳排的競賽愈發激烈，企業必須積極應對永續挑戰，確保在未來的市場中立於不敗之地。

（資料來源：https://www.gvm.com.tw/article/88427）

Chapter 2

碳足跡和碳排放計算

2-1 碳排放源分析

主要碳排放源

工業、交通、能源和農業等行業是全球碳排放的主要來源，每個行業的碳排放特徵和面臨的節能減排挑戰各不相同。

1. **工業部門**

    工業部門的碳排放主要來自於兩個方面：一是生產過程中能源的消耗，尤其是化石燃料的使用，例如：煤炭、石油和天然氣；二是工業過程本身產生的排放，如水泥製造中的碳酸鈣分解、鋼鐵冶煉中的氧化過程等。這些過程不僅消耗大量能源，還會直接釋放大量的二氧化碳。因此，工業部門的減排挑戰在於如何提高能效、引入低碳技術，以及改善工業流程以降低碳排放。

2. **交通部門**

    交通部門的碳排放主要來自於交通工具燃料的燃燒，例如：汽車、飛機、火車和船舶等，尤其是汽油和柴油的使用。隨著全球交通需求的增長，交通部門的碳排放也持續增加。減少交通部門的碳排放面臨的挑戰包括推動電動車的普遍性、提升公共交通的便利性和效率、研發和採用永續航空燃料，以及促進更加清潔的海運技術。

3. **能源部門**

    能源部門則是所有行業中碳排放最多的一個，因為全球絕大多數的能源仍然依賴於化石燃料的燃燒，例如：燃煤發電廠、天然氣發電廠等。要應對能源部門的碳排放挑戰，關鍵在於大規模推廣可再生能源，如風能、太陽能和水能，並加快能源結構的轉型，從依賴化石燃料轉向清潔能源。推動能源儲存技術的發展、提升電網效率和實施智慧電網技術也是重要的解決途徑。

4. **農業部門**

    農業部門的碳排放則與土地利用、農業活動和牲畜飼養密切相關。農業中的碳排放主要來自於土壤管理（如氮肥的使用）、牲畜消化過程中甲烷的排放，以及農田翻耕和森林砍伐等土地利用變化。農業部門的減排挑戰在於如何改進農業技術，推廣低碳和氣候智慧型農業行為，並保護和恢復森林、草原和濕地以增強碳匯能力。

總體來說，工業、交通、能源和農業等主要行業在碳排放來源和面臨的挑戰方面各有不同。要有效減少這些行業的碳排放，需要根據各自的特點採取針對性的策略，包括技術創新、政策支持、以及國際合作。只有透過這些綜合措施，我們才能在全球範圍內實現碳排放的大幅減少，從而達成氣候目標並促進永續發展。

不同行業的碳排放特徵

製造業、高科技產業和服務業在碳排放特徵上各不相同，這與它們的運作模式和資源需求密切相關。

1. **製造業**

    製造業的碳排放主要來自於能源消耗和原材料的使用。製造業涵蓋範圍廣泛，包括鋼鐵、化工、機械製造、紡織等行業，這些行業通常依賴於大量的能源，尤其是來自化石燃料的能源，用於驅動生產設備和工藝流程。製造業中的許多生產過程，例如：鋼鐵冶煉、塑料製造等，還會直接釋放大量的二氧化碳和其他溫室氣體。原材料的開採和加工也會產生大量碳排放，因此製造業面臨的減碳挑戰包括提高能效、引入低碳工藝、改善資源使用和回收利用材料。

2. **高科技產業**

    高科技產業則展現出與傳統製造業不同的碳排放特徵。這一產業包括電子產品製造、半導體產業、訊息技術服務等，雖然其生產過程相對精密且自動化程度較高，但高科技產業高度依賴電力供應，尤其是對於資料中心和伺服器運營的電力需求極其巨大。這些設施的能源消耗直接轉化為碳排放，尤其是當能源來源依然是化石燃料時。因此，高科技產業的減碳策略主要集中在提高能源使用效率、引入可再生能源、提升資料中心的能效設計，以及使用更節能的電子設備。

3. **服務業**

    相較於製造業和高科技產業，服務業的碳排放相對較低，因為該行業主要涉及無形產品和服務的提供，例如：金融、教育、醫療和零售等。然而，服務業的碳排放仍然不容忽視，尤其是在辦公大樓的能源管理和員工交通方面。許多服務業企業擁有大量的辦公空間，這些空間的照明、空調、供暖系統等的能源使用直接影響著企業的碳足跡。而且員工的通勤、出差和日常交通也是服務業碳排放的重要來源。服務業的減碳潛力包括推動辦公大樓的綠色設計和能效管

理、鼓勵遠程辦公和視頻會議以減少差旅需求，以及促進使用公共交通和低碳交通方式。

總體而言，製造業、高科技產業和服務業在碳排放特徵上各有不同，這意味著每種行業需要根據自身的特點制定針對性的減排策略。透過技術創新、能源管理和業務模式的轉型，各行業都能為全球碳排放的減少和氣候變化的緩解做出貢獻。

2-2 計算碳足跡的方法

1. **直接排放（範疇 1）**

   來自燃料燃燒、工業過程等的排放。這些都是企業內部活動直接產生的碳排放，例如：燃燒化石燃料供應暖氣、工業製程中釋放的二氧化碳。

2. **間接排放（範疇 2 和範疇 3）**

   購買電力和蒸汽、供應鏈、運輸等的排放。範圍 2 的排放是來自於企業購買的電力、蒸汽等能源的間接排放；範圍 3 則包括供應鏈上游和下游的排放，例如：原材料生產、產品運輸、廢棄物處理等。

3. **使用工具和軟體計算碳足跡**

   如 GHG Protocol、ISO 14064。這些標準和工具為企業提供了計算和報告碳排放的框架和方法，幫助企業準確評估和管理其碳足跡。

   GHG Protocol 和 ISO 14064-1 是兩個廣泛使用的溫室氣體排放核算與報告標準，但在制定背景、應用範圍和功能上存在差異。GHG Protocol 由世界資源研究所（WRI）和世界永續發展工商理事會（WBCSD）制定，主要為企業提供靈活且全面的碳足跡核算工具，覆蓋範疇 1、範疇 2 和範疇 3 的詳細排放指引，使企業能根據需求進行內部管理和減排策略制定。相比之下，ISO 14064-1 由國際標準化組織（ISO）制定，側重於提供符合國際認證需求的標準化報告結構，強調數據透明性、一致性和外部驗證，更適合有合規要求並需要第三方審核的企業。

   GHG Protocol 適用於涵蓋全面碳足跡管理的企業，如供應鏈減排和 ESG 報告，而 ISO 14064-1 更適合需要嚴格報告標準的國際性企業。兩者結合使用，能幫助企業實現靈活應用和規範化報告的雙重目標。

環境部規範範疇	溫室氣體盤查議定書 GHG Protocol		ISO/CNS 14064-1
直接排放	範疇一		類別1：直接溫室氣體排放與移除
能源間接排放	範疇二		類別2：輸入能源之間接溫室氣體排放
其他間接排放	範疇三	類別④：上游運輸和配送產生的排放	類別3：運輸之間接溫室氣體排放
		類別⑥：商務旅行產生的排放	類別4：組織使用的產品所產生之間接溫室氣體排放
		類別⑦：員工通勤產生的排放	類別5：使用組織所生產產品之間接溫室氣體排放
		類別⑨：下游運輸和配送產生的排放	類別6：由其他來源產生的間接溫室氣體排放
		類別①：購買商品或服務產生的排放	
		類別②：上游購買的資本物品產生的排放	
		類別③：與燃料和能源相關活動的排放（範疇一或範疇二以外）	
		類別⑤：營運產生廢棄物的處置與處理的排放	
		類別⑧：上游租賃資產產生的排放	
		類別⑩：銷售產品的加工產生的排放	
		類別⑪：使用銷售產品產生的排放	
		類別⑫：銷售產品廢棄處理產生的排放	
		類別⑬：下游租賃資產產生的排放	
		類別⑭：特許經營	
		類別⑮：投資產生的排放	

2-3 行業和企業的碳排放特徵

各行業的碳排放基準

各行業的碳排放基準反映了每種行業在碳排放上的特點和來源。了解這些基準對於制定有效的減排策略最為重要，因為不同行業的碳排放來源和排放特徵各不相同。

1. **能源行業**

    能源行業是全球碳排放的主要來源之一。這個行業的碳排放主要來自於化石燃料的燃燒和電力生產。燃煤、石油和天然氣發電廠在能源轉化過程中釋放出大量的二氧化碳，是最明顯的碳排放來源。能源行業還包括石油和天然氣的開採、運輸和精煉過程，這些過程也會釋放大量的溫室氣體。隨著全球能源需求的增加，能源行業的碳排放量也持續上升。因此，能源行業的減排基準通常集中在提高能效、推廣可再生能源、降低化石燃料的依賴，以及推動碳捕捉與封存技術的應用。

2. **製造業**

    製造業的碳排放則主要來自於生產過程中的能源消耗和原材料的使用。製造業涵蓋範圍廣泛，從重工業如鋼鐵和水泥生產，到輕工業如紡織和食品加工，每一類製造業的碳排放基準都不相同。生產過程中，製造業通常需要大量能源來運行機械和加熱材料，這些能源多數來自於化石燃料。製造業還需要消耗大量的原材料，這些材料的開採、加工和運輸也會產生大量的碳排放。為了降低碳排放，製造業的基準通常包括提高生產能效、推動材料回收利用、減少浪費以及引入低碳技術和工藝。

3. **農業**

    農業的碳排放基準則主要來自於土地利用變化和農業活動。農業部門的碳排放來源包括農田翻耕、灌溉、化肥和農藥的使用，以及牲畜飼養。尤其是，水稻田的種植會釋放大量的甲烷，牲畜的腸胃消化過程也會排放甲烷。農業的土地利用變化，如森林砍伐和草地轉為農田，會釋放大量的二氧化碳。這些活動使得農業成為溫室氣體排放的重要來源之一。農業的減排基準通常集中在推廣氣候智慧型農業技術、提高土地利用效率、減少甲烷和氧化亞氮排放，以及恢復和保護碳匯功能的生態系統。

總體來說，各行業的碳排放基準因其運作模式和資源需求的不同而各具特色。能源行業、製造業和農業在全球碳排放中佔據了重要地位，因此，針對這些行業制定精確且可操作的減排基準是實現全球碳減排目標的關鍵。透過推動技術創新、提升能效和採取永續的運作模式，各行業都可以在全球氣候行動中發揮重要作用。

特定企業的碳排放情況分析

特定企業的碳排放情況分析在全球減碳行動中具有重要意義，因為企業在實現減碳目標的過程中扮演著主要角色。不同的行業和企業在減少碳排放方面採取的策略各不相同，這取決於其業務特徵、資源利用方式和所在區域的政策環境。

1. **大型製造業**

   大型製造業企業在全球碳排放中佔有明顯的比例。這些企業通常經由提高能源效率和應用可再生能源來實現減碳目標。舉例來說，像德國的西門子公司和瑞典的宜家這樣的大型製造企業，已經在其生產設施中廣泛應用能效技術，包括高效能的機械設備、自動化生產流程和智慧能源管理系統。這些技術不僅減少了能源消耗，還提高了生產效率。許多大型製造企業也在積極轉向可再生能源。例如：宜家已經實現了其所有運營使用 100% 可再生能源的目標，這大大減少了其碳排放。同樣，汽車製造商如特斯拉，也透過在其工廠中安裝太陽能電池板和風力發電設施，減少了依賴化石燃料的能源消耗，推動了企業的碳中和目標。

2. **服務業**

   服務業企業的碳排放主要來自於辦公大樓的能源使用和員工的通勤。因此，服務業通常採取的減碳策略包括辦公大樓的節能改造和員工通勤管理。例如：科技巨頭谷歌和微軟在其全球辦公大樓中廣泛採用了綠色建築技術，包括高效的暖通空調系統、LED 照明、自動化控制系統和節水技術，這些措施明顯降低了建築物的能源需求。同時，這些公司還大力推廣遠程辦公和靈活的工作時間，這不僅減少了員工的通勤次數，還降低了與通勤相關的碳排放。一些企業還提供員工交通補貼，鼓勵員工使用公共交通工具或電動車，以進一步減少碳足跡。

總體而言，世界各國的大型企業，無論是製造業還是服務業，都在積極探索和實施各種策略，以達成其減碳目標。透過能源效率的提升、可再生能源的應用、綠色建

築技術的採用和員工交通管理的改善，這些企業不僅能夠減少自身的碳排放，還能在全球減碳努力中發揮帶頭作用，推動永續發展。這些經驗和做法也為其他企業提供了有價值的參考，助力全球範圍內的氣候行動。

案例解析

ESG 新趨勢！企業除了減少碳足跡外，更要增加「碳手印」

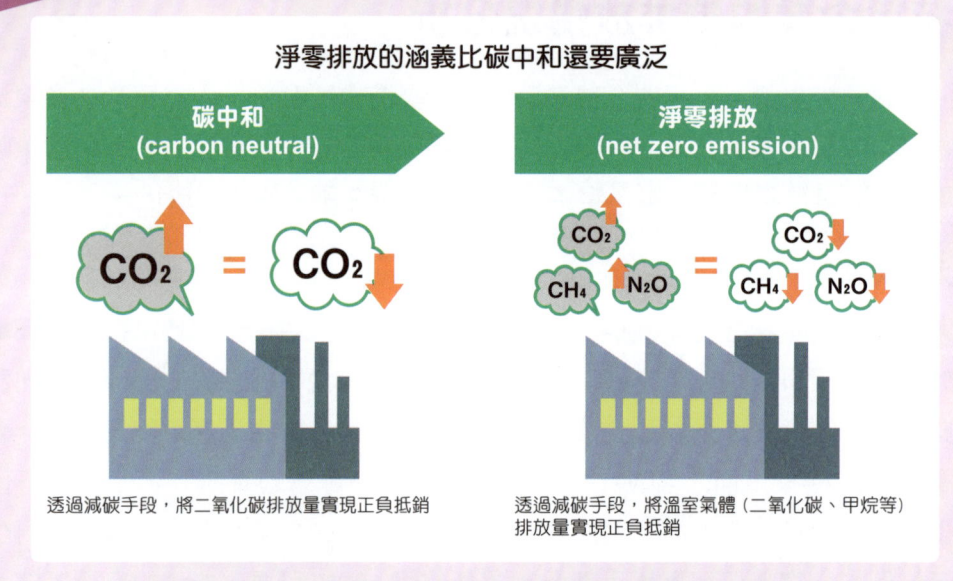

淨零排放的涵義比碳中和還要廣泛

碳中和 (carbon neutral)	淨零排放 (net zero emission)
透過減碳手段，將二氧化碳排放量實現正負抵銷	透過減碳手段，將溫室氣體（二氧化碳、甲烷等）排放量實現正負抵銷

▲ 資料來源：IPCC、Bloomberg，柏瑞投信整理，2022/11

為了應對氣候變遷，各國政府與企業長期推動減少「碳足跡」來減緩暖化。然而，哈佛大學公共衛生教授 Gregory Norris 指出，除了減少「碳足跡」，更應該增加「碳手印」，以積極方式減少二氧化碳，促進地球氣候穩定。

聯合國氣候變遷專門委員會（IPCC）2018 年提出，為將全球升溫控制在攝氏 1.5 度內，全球需在 2050 年前達成淨零排放。各國和企業因此紛紛響應，但聯合國報告顯示，2021 年後的減排行動僅達不到 1% 的目標，難以實現巴黎協定的控制目標。

2024 年 8 月，美國通過了規模達 4,300 億美元的《降低通膨法案》（IRA），成為美國史上最大氣候法案，顯示其對抗氣候變遷的決心。

「碳手印」指為減少碳足跡所採取的各種行動，範圍更廣且具創新空間。積極投資碳手印的企業，能帶動更多上下游企業參與，擴大減碳影響力。

例如，Google 在 2007 年達成碳中和，2017 年起成為全球最大的可再生能源購買企業，並計劃在 2030 年前達成全營運據點全天候無碳化的目標。

（資料來源：https://ubrand.udn.com/ubrand/story/12116/6791750）

2-4 碳足跡與企業社會責任（CSR）

企業在計算和減少碳足跡的過程中，應承擔氣候變遷帶來的社會影響責任。隨著氣候變化加劇，企業的碳排放不僅對環境造成影響，還與氣候難民的產生、社區的脆弱性和環境惡化等重大社會問題息息相關。因此，企業應該將減碳作為其社會責任的一部分，並積極參與全球應對氣候變化的行動。

透過準確的碳排放數據，企業能夠更清楚了解其運營活動對環境和社會的具體影響，從而制定有針對性的減碳策略。這些數據可以幫助企業識別出高排放的業務環節，並推動技術創新和運營效率的提升。此外，了解碳排放對氣候難民問題的貢獻，企業還可以針對性地參與社會和社區層面的調適措施，幫助那些受到氣候變化影響最嚴重的地區和人群。

透過減少自身碳足跡和推動永續發展，企業不僅能降低環境風險，還能展現其在應對氣候變遷和保護脆弱社區中的領導力，促進全球的氣候行動和社會正義。

企業在全球供應鏈中的碳足跡對不同區域，尤其是氣候變遷高風險地區，具有深遠的影響。隨著全球供應鏈日益複雜，跨國企業的生產、運輸和銷售活動在全球範圍內產生碳排放，並對各區域的環境和社會系統帶來壓力。這種影響在氣候變遷風險較高的地區最為明顯，因為這些地區往往缺乏足夠的資源和基礎設施來應對氣候變化帶來的挑戰。

首先，許多氣候變遷高風險地區，如東南亞、非洲和拉丁美洲等，承擔了全球製造業和農業生產的重要角色。這些地區的工業生產活動往往依賴高碳排放的能源和資源密集型產業，這不僅加劇了當地的碳排放，還使這些地區更容易受到氣候災害的影響，例如乾旱、洪水和颶風。當氣候變化加劇時，這些地區的社會經濟結構和生計受到威脅，導致貧困加劇、氣候難民增加。

其次，跨國企業在供應鏈中的碳足跡還透過全球貿易和物流對碳排放做出貢獻。長途運輸、海運和空運等物流活動產生大量的溫室氣體，對全球暖化有著推波助瀾的作用。這些排放雖然在全球不同區域發生，但對氣候變遷高風險地區的影響最為突出，因為這些地區更容易受到極端氣候的衝擊。

企業應當正視其在全球供應鏈中的碳足跡責任，並積極採取行動來減少碳排放，重視那些易受氣候變遷影響的地區。這可以透過提高供應鏈透明度、推動永續生產和採購、改善物流路徑、使用低碳技術和能源來實現。企業在全球供應鏈中的碳管理，不僅可以減少環境影響，還能幫助保護氣候變遷高風險地區，減少氣候災害對當地社區和生態系統的破壞，推動全球永續發展目標的實現。

案例解析　善盡社會企業責任　台大「曉鹿鳴樓」邁向淨零碳排目標

▲ 曉鹿鳴樓榮獲全台首家 BSI 碳中和查證綠色餐廳
資料來源：https://news.tvbs.com.tw/life/1775124

穀果國際有限公司經營的台大「曉鹿鳴樓」上海菜餐廳，積極履行企業社會責任（CSR），朝碳中和目標邁進。經英國標準協會（BSI）查證，依照「碳中和實施與宣告指引」及國際 PAS 2060 規範，成功達成組織型碳中和目標，成為台灣首家達成碳中和的餐廳。BSI 於 111 年 4 月 26 日上午 11:30 在「曉鹿鳴樓」舉行授證儀式，邀請產官學研各界見證台灣在淨零碳排方面的突破與成就。並於授證儀式後，和與會代表簽署合作備忘錄，共同宣示台灣節能減碳與達成淨零碳排的決心，攜手推動綠色循環經濟。

穀果國際有限公司董事長曾隱舜表示，公司基於企業社會責任，帶領「曉鹿鳴樓」朝向淨零碳排，透過零碳廚房、綠色菜單及碳中和循環經濟鏈來實現目標。餐廳選用符合碳足跡標準的食材，並要求供應商—農漁畜牧業者配合碳中和產業鏈，打造低碳供應鏈。「曉鹿鳴樓」也將廚餘轉化為肥料、飼料，實行精準種植與養殖，以成為零碳廚房的永續循環餐廳，推動綠色餐飲。

曾隱舜強調，全球暖化日益嚴峻，世界各地積極朝淨零碳排目標邁進。餐廳的食材碳足跡與供應鏈的碳排量直接影響碳中和的達成，同時也希望消費者認同這份淨零碳排的努力，攜手推動地球永續。

BSI 查證指出，「曉鹿鳴樓」嚴格遵循「碳中和實施與宣告指引」及 PAS 2060 標準，達成碳中和認證，為台灣餐飲業樹立榜樣，期待更多餐飲業者投入淨零碳排行列，共同守護地球。

2-5 碳排放計算、碳足跡減少與氣候風險評估

碳排放計算是氣候變遷風險評估的重要基礎，準確的碳排放數據能夠幫助不同企業、行業或國家更有效地評估其所面臨的氣候變遷風險。這些數據不僅為碳管理體系提供了實際依據，也有助於深入分析高碳排放行為如何加劇極端氣候事件的發生，從而導致更多人被迫遷徙，成為氣候難民。

此外，透過氣候風險情景模擬，我們可以結合碳排放數據，預測氣候難民的增長趨勢，進一步強化碳管理與風險管理之間的關係。這樣的模擬和數據分析不僅能幫助制定更精準的減排策略，還能幫助政府和企業為潛在的社會風險做好調適準備，應對氣候變遷所帶來的更大社會挑戰。

> **補充　臺灣碳費正式公布！一般排放費率訂為每公噸 300 元**
>
> 　　2024 年 10 月 7 日，臺灣環境部召開碳費審議委員會，決議自 2025 年起對年排放量超過 2.5 萬公噸的企業徵收碳費，初期費率設定為每噸新臺幣 300 元，並計劃未來逐步提高。此政策首波影響電力業、燃氣供應業和製造業，涵蓋約 281 家企業及 500 家工廠，2025 年 5 月進行試申報，正式徵收則於 2026 年啟動。
>
> 　　為鼓勵企業積極減碳，環境部推出「自主減量計畫」，允許通過審核的企業申請優惠費率。然而，有觀點認為這一碳費政策可能讓企業將其視作可控營運成本，進而將費用轉嫁至消費者，削弱了政策對企業減碳的約束力，甚至影響其投資再生能源轉型的意願。大型排放企業，如台電與中油，成為主要徵收對象，若能有效執行自主減量計畫，

將有助於降低其碳費負擔並促進減碳目標的達成。不過,若碳費定價過低,可能難以推動企業進行實質性減碳投資,因此未來碳費定價的合理調整及配套措施的完善將是確保政策成效的關鍵。

總體而言,臺灣的碳費政策旨在推動企業減碳,加速邁向 2050 年淨零排放目標,但政策的實施效果仍取決於企業的實際行動、費率的調整以及政府的監督與支持力量。

碳費怎麼算?

碳費 = 收費排放量 X 碳費徵收費率

三種收費率
- 一般費率:300元/公噸CO_2e
- 優惠費率A:50元/公噸CO_2e
- 優惠費率B:100元/公噸CO_2e

GREENPEACE 綠色和平

▲ 資料來源:https://www.greenpeace.org/taiwan/update/30747/%e7%a2%b3%e6%ac%8a%e3%80%81%e7%a2%b3%e8%b2%bb%e3%80%81%e7%a2%b3%e7%a8%85%e6%98%af%e4%bb%80%e9%ba%bc%ef%bc%9f%e7%a2%b3%e4%ba%a4%e6%98%93%e5%b8%82%e5%a0%b4%e5%a6%82%e4%bd%95%e9%81%8b%e4%bd%9c%ef%bc%9f/

💡 碳足跡減少與氣候調適

透過減少碳足跡來達成氣候變遷調適的目標，不僅僅是降低碳排放數字，更是減少氣候變遷帶來的極端事件對弱勢群體和高風險地區的社會影響。碳足跡的量化可以為政府、企業和國際組織提供具體的參考數據，幫助他們識別哪些地區或社會群體最易受到氣候變遷的衝擊，從而制定針對性的調適策略。

當企業或國家降低碳排放時，這不僅有助於緩解全球氣候變遷，還可以減少對於氣候難民問題的社會壓力。降低碳足跡能夠減少極端氣候事件的發生頻率，如乾旱、洪水、海平面上升等，從而減少弱勢群體因為自然災害而被迫遷徙的情況。在這個過程中，全球減碳目標不僅是應對氣候變遷的策略，也是減少社會不平等的重要舉措，因為氣候變遷往往首先影響到最脆弱的社會群體和高風險地區。

尤其是對於那些受氣候變遷影響嚴重的地區，運用碳足跡數據可以幫助政府和國際社會提前進行調適規劃。這可能包括為這些地區規劃人口遷移策略，建立氣候難民安置計劃，或者對基礎設施進行改善，以提高當地的抗災能力。透過這樣的方式，碳足跡數據不僅僅是減排的指標，還成為預測和管理氣候風險的有力工具，進一步支持全球氣候變遷調適目標的實現。

💡 碳管理與國際合作：減少碳足跡應對氣候難民

國際社會在應對碳排放和氣候難民問題上具有重要的協同作用，透過跨國的碳足跡監測和碳排放計算，各國能夠共享數據並促進透明度，從而推動全球合作來共同解決氣候難民問題。建立全球碳管理體系有助於統計各國碳排放量，並預測氣候變遷對社會的影響，尤其是氣候難民的增長趨勢。這種協同減排機制不僅能夠減少氣候變遷帶來的極端災害，還能促使發達國家向受影響嚴重的地區提供資金和技術援助，幫助其調適氣候變遷影響，減少氣候難民的發生。此外，國際社會應在《巴黎協定》等多邊框架下加強合作，建立氣候難民保護機制，提供緊急援助與長期支持，從而實現全球範圍內的減排與氣候調適，並共同應對氣候難民挑戰。

💡 人類必須阻止的氣候浩劫

▲ 南極冰原快速融化正推動海平面上升，對全球沿海地區構成嚴重威脅。
圖片來源：Andrew McConnell / Greenpeace

全球暖化的加劇正在以前所未有的速度推動極端氣候變化。冰川和極地冰山的大規模融化讓大量融水湧入海洋，導致海平面持續上升，對全球沿海地區構成了直接且迫切的威脅。根據 2020 年 9 月的北極海冰調查數據，北極海冰融化達到 40 年來的第二低紀錄，科學家甚至預測，在未來 10 至 30 年內，北極夏季可能完全無冰。如果這種情況不加以遏制，全球暖化的影響將變得更加不可逆轉。然而，這一切並非無法改變，我們每個人都有能力參與並阻止這場氣候危機的進一步擴大。

聯合國政府間氣候變遷專門委員會（IPCC）提出的建議清晰明確：各國應迅速採取行動，將全球升溫控制在 1.5°C 以內。為了達到這一目標，全球在 2030 年前需要減少 45% 的碳排放，並在 2050 年實現淨零碳排放。這些目標要求我們快速淘汰高碳排放的化石燃料，尤其是燃煤發電和對石油的依賴，轉向可再生能源，實現能源結構的根本轉型。

面對氣候變遷的嚴峻挑戰，國家、企業和個人都需共同承擔環保責任。在政策層面上，各國政府應加速推動可再生能源的發展，增加清潔技術的投資，並強化法規，促使企業採取更環保的生產方式。在個人層面上，我們可以從小事著手，減少日常能源消耗、選擇更環保的交通方式、支持本地永續商品等，積極參與減碳行動。這些小小的行動，不僅有助於減緩全球暖化，也為未來世代創造更安全、宜居的生活環境。

全球暖化已不僅僅是氣候問題，而是人類共同的生存挑戰。每一份減碳努力，都是為未來的一份承諾。唯有攜手合作、迅速行動，我們才能在這場氣候危機中找到希望的契機，守護我們賴以生存的地球，為後代留下綠意盎然的家園。

補充：聯合國政府間氣候變遷專門委員會（IPCC）

聯合國政府間氣候變遷專門委員會（IPCC），由聯合國環境規劃署（UNEP）和世界氣象組織（WMO）於 1988 年共同成立，旨在透過綜合全球最新科學研究，評估氣候變遷對環境和社會的影響，並為政策制定者提供科學依據。作為全球最具權威的氣候變遷研究機構之一，IPCC 不進行獨立研究，而是基於現有研究文獻進行評估，並透過《氣候變遷評估報告》為各國政府提供決策支持。其報告由三大工作組負責，分別涵蓋氣候變遷的科學基礎、影響與調適措施、以及減排進展和政策建議，綜合報告則將這些內容匯集成完整的科學指引。IPCC 的重要報告，如《1.5°C 特別報告》以及針對海洋、冰凍圈和土地的專題報告，強調了氣候變遷的緊迫性，呼籲各國立即採取行動將升溫控制在 1.5°C 以內。IPCC 的科學數據和建議為《巴黎協定》等國際協議奠定了基礎，並推動了全球在減碳技術、綠色投資和永續發展方面的進展。隨著氣候挑戰愈發嚴峻，IPCC 將面臨更高的預測精確性和全球協作需求，未來仍將持續深化氣候變遷的研究，為國際社會應對氣候危機提供前瞻性指導，推動全球氣候行動的發展。

案例解析

▲ 圖片來源：https://zh.wikipedia.org/zh-tw/%E6%A0%BC%E8%95%BE%E5%A1%94%C2%B7%E9%80%9A%E8%B4%9D%E9%87%8C#/media/File:Greta_Thunberg_4.jpg

格蕾塔・廷廷・埃萊奧諾拉・埃恩曼・童貝里（Greta Tintin Eleonora Ernman Thunberg，2003 年 1 月 3 日生）是一位瑞典氣候行動家，因其勇敢且不妥協的氣候倡議而成為全球焦點。自 2018 年 8 月以來，童貝里開始在瑞典議會外舉起「氣候大罷課」（Skolstrejk för klimatet）的標語，以此呼籲政府和社會正視氣候變遷的嚴重性，並要求領袖們採取果斷行動來減少溫室氣體排放。

童貝里的罷課行動迅速引起國際媒體的關注，並激起了全球青少年響應，推動了「Fridays for Future」運動。這一運動促使成千上萬的年輕人參與氣候罷課，呼籲各國政府採取行動應對氣候變遷，並成為「氣候罷課運動」的代表。2019 年，童貝里在聯合國氣候變遷大會（COP24）上發表演講，以一句「你們偷走了我們的未來」直指全球領袖對氣候危機的不作為，成為環保運動中的重要口號。

2019 年 3 月 15 日，全球約有 140 萬名學生參與童貝里發起的全球氣候罷課，9 月的罷課行動更是吸引了多國數百萬人參與，規模創下新高。童貝里的行動力和堅定立場使她成為年輕一代氣候行動的象徵，並在當年被提名為諾貝爾和平獎候選人，因而被稱為「瑞典環保少女」。

童貝里的影響力不僅在年輕人中廣泛傳播，也促使政界、商界和學界深刻反思。她受邀在歐盟議會、聯合國、達沃斯世界經濟論壇等多個國際場合發言，以直接且毫不妥協的語言譴責全球對氣候危機的忽視，強調氣候行動是涉及未來世代基本人權和生存環境的緊迫議題。

童貝里的行動激勵了無數年輕人加入氣候行動，她成為新一代環保運動的領袖，將年輕世代的聲音帶上國際舞台，持續推動全球對氣候變遷的關注和行動。

碳足跡透明度與社會影響評估

碳足跡透明度的重要性在於透過公開和透明的碳排放數據，使社會、企業和政府能夠更全面和有效地理解氣候變遷的真實影響，並根據這些數據做出適當的調整決策。透明化的碳排放數據不僅促進了各方的追究責任，還有助於推動減排行動的精確落實。這與氣候難民議題密切相關，因為透明的碳數據可以幫助監測哪些地區或產業對全球氣候變遷影響最大，從而及時識別出容易受到氣候變遷影響的高風險地區，並制定針對性的應對措施，減少這些地區的氣候難民問題。

總結

碳足跡和碳排放計算可以與風險評估、社會責任以及氣候調適策略等議題結合。透過精確的碳排放數據，企業和國家能更妥善地評估並減少對氣候變遷的影響，特別是在應對氣候難民問題上，這些量化工具能夠為制定有效的減碳策略和社會調適方案提供有力的效用。

CHAPTER 3

減碳策略和技術

3-1 減少碳排放的技術和方法

能源效率提升技術

能源效率提升技術指的是一系列技術和方法，用於提高能源利用效率，從而減少能源消耗和碳排放。在應對全球氣候變化和資源有限的挑戰中，這些技術的應用變得尤為重要，因為它們能夠在不犧牲生產力和舒適度的前提下，明顯降低能耗。

1. **高效能設備**

    高效能設備的應用是提升能源效率的直接途徑之一。現代工業和家庭設備的設計越來越強調能效。例如：高效電機、節能照明（如 LED 燈具）、變頻空調和能效等級較高的家電，這些設備透過降低運行時所需的電力，來明顯減少能源消耗。在工業生產中，高效鍋爐、壓縮機和熱交換器等設備的應用，不僅能夠降低能源消耗，還能提升生產過程的整體效能。這些技術不僅有助於企業節約運營成本，還大幅降低了碳排放。

2. **智慧電網**

    智慧電網是現代能源管理的一項重要技術，它透過數位化技術提升電力傳輸和分配的效率。傳統電網通常存在能量損耗大、調度效率低等問題，而智慧電網經由應用物聯網、大數據分析和自動化控制技術，可以即時監測電力需求，最佳化電力分配，減少能量浪費。例如：智慧電網能夠根據需求變化動態調整發電和輸電，減少不必要的電力浪費。它還能有效整合分布式能源資源，如太陽能和風能，促進可再生能源的使用，從而減少對化石燃料的依賴。

3. **綠色建築**

    綠色建築則透過設計和技術手段，實現建築物的能源消耗最小化。綠色建築設計通常包括高效的隔熱材料、自然通風系統、太陽能光電模板、智慧照明系統、雨水收集和回用系統等，這些技術能有效降低建築的能源需求。比如利用太陽能光電模板發電可以直接減少對傳統電力的需求，而智慧照明和 HVAC（暖通空調）系統則能根據即時使用情況自動調整，從而避免能源浪費。透過這些技術的綜合應用，綠色建築不僅能夠大幅減少能源消耗，還能提升居住和工作環境的舒適性。

總體來說，能源效率提升技術在全球減碳行動中扮演著不可或缺的角色。經由高效能設備的應用、智慧電網的部署以及綠色建築的設計和實施，能源消耗和碳排放都能得到有效控制。這些技術不僅有助於實現環保目標，還能為企業和家庭帶來經濟效益，促進永續發展。

智慧電網

智慧電網（Smart Grid）是指利用先進的數據通信技術、感測技術、自動控制技術和電子計算機技術，實現電力系統的高效、安全、可靠和靈活運行的現代化電網。智慧電網的目的是提高電力系統的運行效率和管理水平，促進可再生能源的導入和應用，增強電網的控制靈活性。

智慧電網的主要特點

1. **雙向通信**
   - 傳統電網通常是單向的電力傳輸，而智慧電網實現了雙向通信，允許電力公司和用戶之間交換訊息。
   - 智慧電表（Smart Meter）是雙向通信的核心設備，可以實時監測和傳輸電力使用數據。

2. **自動化控制**
   - 智慧電網利用先進的自動化技術，實現對電力設備和電網運行狀態的即時監控。
   - 自動化控制可以快速影響電力需求變化，實現故障自動排除，提高電網的穩定性。

3. **分散式電源接入**
   - 智慧電網支持大量分散式電源（例如：太陽能、風能等可再生能源）導入，並有效管理和改善這些分佈式能源的發電和消耗。
   - 分散式電源的導入可以減少對集中式電廠的依賴，提高能源供應的可靠性。

4. **需求側管理**
   - 智慧電網可以實現需求側管理（Demand Side Management, DSM），即透過價格優惠和控制技術，引導用戶合理用電。
   - 需求側管理有助於提高能源利用效率，減少高峰期的電力需求壓力。

5. 高效能源管理
   - 智慧電網可以實現對整個電力系統的高效能源管理，包括發電、輸電、配電和用電的全面效率提升。
   - 先進的數據分析和演算法技術可以預測電力需求變化，最佳化電力資源的分配和調度。

智慧電網的優點

1. **提高電力系統效率**

   智慧電網透過自動化控制和智能調度技術，能夠明顯提升電力系統的運行效率。這些技術可以動態監測電力需求，並根據需求變化及時調整供電量，從而減少不必要的能源消耗和浪費。智慧電網還能有效整合可再生能源，改善能源使用，為實現永續性的能源管理提供支持。

2. **促進可再生能源利用**

   智慧電網支援可再生能源的導入與管理，能夠有效促進清潔能源的應用。透過其先進的資料分析和智能控制技術，智慧電網可以靈活整合風能、太陽能等不穩定的可再生能源，並根據需求調度能源輸送，穩定供電。這不僅減少了對傳統化石燃料的依賴，還幫助實現碳排放的減少，推動低碳經濟的發展。

3. **增強電網的穩定性**

   智慧電網的自動化與即時監控功能可以快速檢測和處理故障，有效提高電網的穩定性。透過智能傳感器和自動化技術，智慧電網能夠在故障發生時迅速定位問題源，並自動重配置電力輸送路徑，減少停電時間和影響範圍。這種即時反應機制不僅保障了電力供應的穩定性，還明顯提升了電網的運行效率。

4. **實現用戶參與**

   智慧電表和需求側管理技術賦予用戶更多參與電力管理的權利。用戶可以透過智慧電表即時了解自己的用電情況，進而制定合理的用電計劃，實施節能措施。這不僅有助於降低整體電費成本，還能減少不必要的能源浪費。需求側管理技術進一步促進了用戶對電力資源的靈活調配，例如在電價較低的時段使用電力，從而達到更經濟的電力消費方式。

智慧電網的挑戰

1. **成本和投資**

    建設和運營智慧電網需要巨大的資金投入，這涵蓋了設備升級、通訊基礎設施建設、資料管理系統開發等多個方面。智慧電網的關鍵技術，如智慧變電站、自動化配電網絡、即時資料處理系統等，都需要高額的初期投資。隨著系統的升級和擴展，還涉及到維護和技術更新的持續投入。通訊基礎設施的建設和資料管理系統的運作，要求電力公司投資大量資源來確保智慧電網的穩定運行。

2. **資料安全和隱私**

    智慧電網的運行依賴於大量的資料收集和傳輸，這包括用戶的電力消耗數據、電網運行狀態和即時通信資訊等。由於這些數據包含敏感的用戶訊息和關鍵基礎設施運行資料，有效的安全措施很重要。智慧電網需要採用先進的加密技術和多層次的安全防護機制，來防止資料洩露、未經授權的存取和網絡攻擊。同時，必須制定嚴格的隱私保護政策，確保用戶的個人資訊不被濫用，並建立監管機制來不斷更新和提升資料安全標準。

3. **標準和相容性**

    智慧電網的發展依賴於不同設備、系統和供應商之間的協同運作，這需要統一的技術標準和協議來確保相互操作性。統一的標準和協議可以促進各種硬體和軟體系統的相容性，使得不同品牌的智慧電表、電力設備、通信基礎設施等可以有效的整合在一起。這還有助於推動創新，減少技術壁壘，促進智慧電網的廣泛應用，從而提高電力系統的效率。

4. **技術和人才**

    智慧電網的實現依賴於多領域的先進技術和專業人才支持，涉及電力工程、通訊工程、數據分析、網絡安全等專業知識。這些技術專家和工程師負責設計和部署智慧電網的核心系統，如電網自動化、需求側管理、可再生能源整合、即時資料處理和安全防護。他們的技能對確保智慧電網的有效運行極為重要，並且在推動電力系統的創新和數位轉型中扮演重要角色。

智慧電網的應用

1. **智慧城市**

    智慧電網是智慧城市的重要組成部分，它支持**智慧交通**、智慧建築和智慧家居等應用，明顯提高城市運行效率和居民生活品質。透過智慧化的電力分配和管

理，智慧電網能夠即時調整電力供應，改善能源使用，並支持可再生能源的接入，從而推動城市的綠色發展。它還能提升交通系統的智慧化效能，促進交通流暢性，並在建築和家居領域提供節能和智能控制功能，全面提升城市的運營效率和生活舒適度。

2. **工業和商業**

   工業和商業用戶可以透過智慧電網技術實現能源管理的最佳化設計，從而明顯降低能源成本並提高生產效率。智慧電網技術提供精確的能源監控和控制功能，使企業能夠即時跟蹤和調整能源使用，發現並消除能源浪費。經由改善能源分配和需求因應策略，企業不僅可以減少運營成本，還能提高生產力，實現更高效的運營模式。

3. **住宅和社區**

   智慧電表和家庭能源管理系統能夠幫助居民更了解並改善自己的用電行為，從而實現節能減碳。智慧電表提供即時的用電數據，讓居民能夠監控每日的電力消耗，發現用電高峰並調整使用習慣。家庭能源管理系統則能夠整合這些資料，提供能源使用建議，改善家電運行時間，並支持自動化控制。透過這些系統，居民不僅可以降低電費，還能減少碳排放，為實現永續的生活方式做出貢獻。

智慧電網作為未來電力系統的發展方向，將在提高能源利用效率、促進可再生能源應用和實現永續發展方面發揮重要作用。

💡 智慧交通

智慧交通（Intelligent Transportation Systems, ITS）是指利用先進的訊息技術、通信技術、感測技術和自動控制技術，實現交通系統的智慧化管理和運營。智慧交通旨在提高交通運輸的效率、安全性和永續性，減少交通擁堵和環境污染，提升人們外出的安全。

智慧交通的優點

1. **提高交通效率**

   透過智慧化管理和管控調度，智慧交通系統可以明顯減少交通擁塞，提高交通流動性，並縮短外出時間。這些系統利用即時數據分析和智能演算法來調整交通信號燈、改善交通路線以及管理交通流量。智慧交通系統可以即時回應交通

狀況的變化，提高交通流量，並提供即時路況資訊給駕駛者，幫助他們選擇最佳路徑，從而提升整體交通效率。

2. **增強交通安全**

智慧交通系統提供即時交通訊息和駕駛輔助功能，有助於減少交通事故並保障道路安全。這些系統透過即時資料收集和分析，提供交通狀況、路況更新、事故警報和路線建議等訊息，使駕駛者能夠做出更為安全的駕駛決策。駕駛輔助系統如自動緊急制動、車道保持輔助和自動停車功能，能夠減少人為錯誤，進一步提高行車安全性。這些技術協同工作，目的在降低事故發生率，提升道路安全。

3. **促進永續發展**

智慧交通系統透過改善交通流量和鼓勵公共交通的使用，能有效減少能源消耗和溫室氣體排放，進而保護環境。透過精確的交通管理和路況監控，這些系統可以減少交通擁塞，縮短行駛時間，從而降低燃油消耗。鼓勵公共交通的使用則能減少單位距離的能源消耗和排放。總體來說，智慧交通系統不僅提升了交通效率，還有助於實現更永續的城市發展，對環境保護作出積極貢獻。

4. **提升外出感受**

智慧交通系統透過提供精確的交通資訊和便捷的交通服務，有效提升了市民的外出便利性和舒適度。即時交通資料和預測功能使市民能夠迅速了解路況和交通狀況，從而選擇最佳路徑。這不僅縮短了外出時間，還減少了交通擁塞帶來的不便。智慧交通系統可以提供多種交通選擇，如共享外出和即時租車服務，讓市民享有更多靈活的外出選擇，提高了整體的外出舒適度。

智慧交通的挑戰

1. **技術和資金投入**

智慧交通系統的建設需要大量的技術和資金投入，這包括基礎設施升級和技術研發。基礎設施方面，需要建設和改造智能交通信號燈、監控攝像頭、交通感應器和充電設施等。技術研發方面，涉及到交通資料分析、車聯網技術、大數據處理和人工智慧演算法的開發與應用。這些投入不僅包括硬體設備的購置和安裝，還包括軟體系統的開發、運行維護以及相關的技術支持。透過這些投資，可以實現更高效的交通管理、提升公共交通服務品質、促進電動汽車和共享外出的普遍性，最終實現智慧交通系統的全面部署和運行。

2. **資料安全和隱私保護**

   智慧交通系統涉及大量資料的傳輸，這些資料包括交通流量、車輛位置、道路狀況等訊息。為了保障系統的安全性和用戶的隱私，必須采取有效的措施來保護資料安全和隱私。這包括實施加密技術以保護資料在傳輸過程中的安全，建立強大的資料存儲和即時控制系統，並遵循相關的法律法規和標準來管理資料收集和使用。應定期進行安全審計和風險評估，以發現並修復潛在的資訊安全漏洞，確保用戶的個人訊息不會被未經授權的第三方獲取或濫用。透過這些措施，可以提高智慧交通系統的整體安全性，增強用戶對系統的信任，保障智慧交通的穩定運行。

3. **標準化和相容性**

   智慧交通技術和設備的發展需要統一的技術標準和協議，以確保不同系統和設備之間的相容性。這些標準和協議可以涵蓋資料格式、通訊協議、設備接口規範等方面，確保來自不同供應商和製造商的設備能夠穩定結合，實現訊息的共享與合作。

   統一的技術標準有助於避免因系統不相容而導致的問題，例如：資料傳輸錯誤、設備無法正常交互等。它們還能促進市場上的競爭，降低技術實施的成本，並加快智慧交通系統的部署速度。

   制定和推行這些標準需要各方利益相關者的參與，包括政府機構、行業協會、技術提供商和研究機構等。透過共同制定和遵循標準，智慧交通系統的實施將更加順利，最終實現提升交通管理效率、促進永續發展的目標。

4. **政策和管理挑戰**

   智慧交通的推廣和應用需要政府和相關部門的政策支持和有效管理。政府應制定有利的政策，提供法律和規範支持，並透過資金補助和降低稅收來促進智慧交通系統的建設和升級。政府需要負責基礎設施的建設，如智慧交通信號燈和監控攝像頭，並制定技術標準和規範，以確保不同系統和設備的相互操作性。為保障資料安全和用戶隱私，政府應制定資料管理和安全政策，防範資料洩露和濫用風險。大眾教育也是關鍵，政府應提高市民對智慧交通系統的認知和支持，鼓勵其積極參與。最後，政府應進行系統的監管和評估，保證其運作的有效性和安全性。透過這些措施，智慧交通系統能夠改善並提升交通管理效率。

發展趨勢

1. **自動駕駛技術**

   自動駕駛汽車將成為智慧交通的重要組成部分，明顯提升交通安全性和運輸效率。它們配備先進的傳感器和人工智慧技術，能即時監控環境並作出反應，降低交通事故發生率。這些汽車能夠精確控制車速和車距，減少擁塞，提高道路使用效率，並透過車輛間的即時通信協同工作，改善交通流暢性。自動駕駛汽車還推動智能路網建設，減輕駕駛負擔，支持共享外出，提升物流和運輸效率，並對環境更加友好，降低燃油消耗和排放。自動駕駛技術的普遍性將改變城市交通的面貌，提升整體交通系統的安全性。

2. **車聯網（IoV）**

   車聯網技術將實現車輛與基礎設施以及車輛與車輛之間的全面互聯，這將明顯促進智慧交通系統的發展。透過車聯網，車輛能夠即時接收來自道路、交通信號燈和其他車輛的訊息，實現更高效的交通流量管理和行車安全。這種全面互聯的系統能夠實現車輛的即時導航、碰撞預警、以及動態路徑規劃，從而減少交通事故、改善行車路線，並提升整體交通系統的運行效率。最終，車聯網技術將支持更智慧化、更安全的交通環境，提升城市的交通運行和居民的外出安全。

3. **大數據和人工智慧**

   大數據和人工智慧技術將在交通資料分析、交通預測和智慧調度中發揮重要作用。透過分析大量的交通資料，這些技術能夠提供深度洞察，預測交通流量模式，並改善交通管理策略。人工智慧演算法能夠即時處理資料，識別交通趨勢，並進行精確的交通預測。這樣的智能分析和調度系統可以提高交通流量的管理效率，減少擁塞，提高運輸系統的運行效率。這些技術還能支持即時交通控制，進一步促進智慧交通系統的智慧化應用，提高整體城市交通的智能管理效率。

4. **綠色交通**

   智慧交通系統將努力促進電動汽車、共享外出和公共交通的發展，從而推動綠色交通和永續發展。透過智慧化的交通管理和控制，電動汽車的充電設施和網路將變得更加有效率，支持電動汽車的廣泛應用。同時，共享外出服務可以利用智慧交通技術進行改善調度和管理，提高車輛利用率，減少道路擁塞。公共交通系統也能夠透過智慧交通系統實現精確的運行調度和即時訊息提供，提升

服務品質和效率。這些進步將有助於減少交通排放、降低碳足跡,支持城市的綠色轉型和永續發展目標。

智慧交通作為現代城市發展的重要方向,不僅能提高交通運輸的效率和安全性,還能促進城市的永續發展和提升市民的生活品質。隨著技術的不斷進步和政策支持的加強,智慧交通在未來將發揮越來越重要的作用。

智慧建築

智慧建築(Smart Building)是指一種利用先進的智能技術和自動化系統,實現建築物的智慧化管理和運營,以提高能源效率、居住舒適度、安全性和永續。

智慧建築集成了物聯網(IoT)、人工智慧(AI)、大數據和雲端計算等技術,實現建築物內外的智慧互聯和高效運行。

智慧建築的主要特點

1. **能源管理**
   - **智慧電網集成**:與智慧電網連接,實現能源的智能分配和使用,提高能源效率,降低能源成本。
   - **能源監控**:即時監測和控制建築物的能源消耗,透過最佳化能源使用模式,實現節能減碳。

2. **自動化系統**
   - **智慧照明系統**:根據自然光照和使用者需求,自動調節照明強度,提升照明效率和舒適度。
   - **智慧空調(HVAC)系統**:根據室內外環境條件和使用者需求,自動調節溫度、濕度和通風,提供舒適的室內環境。

3. **安全防護**
   - **智慧安全防護系統**:包括監控攝像頭、門禁系統和入侵檢測等,提供即時監控和安全保障。
   - **火災檢測和應急系統**:彙總火災探測器和自動滅火系統,提供快速反應及緊急處理。

4. 通訊系統
   - **高效網絡覆蓋**：提供高速、穩定的無線網絡，支援各種智慧設備和應用的連接和使用。
   - **智慧辦公系統**：包括智慧會議室預訂、視頻會議、遠程協作等，提高工作效率和協作能力。

5. 舒適與健康
   - **智慧家居系統**：包括智慧家電、智慧窗簾和智慧音響等，提升居住舒適度和生活品質。
   - **室內空氣品質監測**：即時監測室內空氣品質，透過智慧通風和過濾系統，提供健康的室內環境。

6. 永續設計
   - **綠色建築材料**：選用環保、可再生的建築材料，減少對環境的負面影響。
   - **水資源管理**：包括雨水收集、廢水回用和智慧灌溉系統，實現水資源的高效利用。

智慧建築的優點

1. 提高能源效率

   透過智慧能源管理和自動化系統，智慧建築能夠明顯降低能源消耗，從而節約運營成本。智慧建築系統利用先進的感測技術和資料分析，即時監控和調節建築內部的能源使用情況。例如：自動調節照明、空調和暖氣系統以適應實際需求，能夠避免不必要的能源浪費。這些系統還能根據外部氣候條件和建築內部的即時資料，進行預測性調整，進一步提高能源利用效率。透過這些措施，智慧建築不僅能有效減少能源消耗，還能減少碳排放，促進永續發展。

2. 提升居住舒適度

   智慧照明、智慧空調和智慧家居系統等，提供更加舒適和個性化的居住環境。

   > **提示！**
   >
   > **智慧照明（Smart Lighting）**是指一種利用先進的運算技術、物聯網（IoT）和自動化系統，實現燈光的智能控制和管理，提供更加高效、節能、舒適和便利的照明感受。智慧照明系統通常包括智能燈泡、燈具、傳感器、控制器和控制平台，能夠根據環境條件和使用者需求自動調節照明。

3. **增強安全性**

   智慧安防和應急系統為智慧建築提供全面的安全保障，明顯提高建築物的緊急反應能力。這些系統利用先進的感測器、攝像頭和人工智慧技術，即時監控建築物內外的安全狀況。智慧安防系統能夠自動識別異常活動，如入侵或火災，並迅速發出警報，通知安保人員和相關部門。應急系統則能夠在突發事件發生時，如火災或地震，立即啟動預定的緊急計劃，包括疏散指引、自動關閉危險設備和聯繫急救服務。這些系統的整合不僅提升了建築物的整體安全性，還能在危機情況下快速反應，降低損失並保護住戶和員工的安全。

4. **促進永續發展**

   智慧建築重視資源的高效利用和環保設計，有助於減少碳排放和環境污染。這些建築透過先進的能源管理系統、節能設備和可再生能源的應用，有效地降低了能源消耗。智慧建築常配備高效的供暖、通風和空調系統（HVAC），利用感測器和自動化控制來改善能源使用。智慧建築設計中包括了綠色屋頂、節水設備和環保建材等元素，進一步減少了對自然資源的需求。透過這些設備，智慧建築不僅提升了居住和工作環境的舒適度，也明顯降低了碳足跡和對環境的影響，支持了永續發展的目標。

5. **提高運營效率**

   自動化系統和智慧化管理工具明顯提高了建築物的運營效率和管理效率。這些系統利用先進的感測器、控制技術和資料分析，即時監控和調節建築物的各種運行參數，例如：照明、空調、暖氣和通風等。自動化系統能夠根據實際需求自動調整能源使用，減少不必要的能耗，從而提高整體的能源效率。智慧化管理工具則透過整合資料和智能分析，提供精確的運營報告和預測，幫助管理者做出更有依據的決策。這些系統還能自動處理常見故障和維護需求，提升建築物的維護效率，進一步改善資源配置和運營成本。

智慧建築的挑戰

1. **初始成本高**

   智慧建築的設計和建造需要大量的初期投資，這主要包括智能設備、傳感器和控制系統的成本。智能設備如智慧燈具、恒溫器和門禁系統，通常比傳統設備昂貴，但能提供更高的能效和操作便利性。傳感器（如溫濕度、光照和運動傳感器）是智慧建築的主要組成部分，需大量投入以確保系統的效能。控制系統，包括大樓自動化系統和中央控制平台，用於整合和改善建築功能，同樣需

要高額的初期成本。建立穩定的網絡基礎設施以支持設備的互聯互通，也是初期投資的一部分。設計和安裝過程包含專業技術，需雇用專門的設計師和工程師，增加了初期費用。最後，系統運營和維護需要專業訓練，進一步提升了初始投資。然而，儘管智慧建築的初始成本較高，其長期效益如能源節省、操作效率提升和維護成本降低，將使投資報酬率逐漸提升。

2. **技術和資料安全**

    智慧建築涉及大量資料的收集和傳輸，包括室內環境、能源消耗、設備狀態等訊息。這些資料的管理和處理必須確保其安全和隱私保護。為了防範潛在的資料洩露或未經授權的來訪，需採取一系列措施，如加密技術、來訪控制、資料備份和持續的安全監控。建立明確的資料使用政策和合規機制，以確保所有資料處理活動符合相關法律法規，進一步保障資料的安全性和使用者的隱私。

3. **標準和相容性**

    智慧建築技術和設備需要統一的技術標準和協議，以確保不同系統和設備之間的相互操作性。統一的標準可以促進各種智慧設備、傳感器、控制系統和通信協議之間的整合，使它們能夠有效協同工作。這不僅有助於提高系統的整體效能，還能降低設備相容性問題，簡化維護和升級過程。確立一致的標準有助於促進市場競爭，降低成本，並推動智慧建築技術的發展。

4. **維護和管理**

    智慧建築的運營和維護需要專業的技術和管理人才，並需持續更新和升級設備和系統。這包括聘請擁有相關技術背景的專家來監控和管理建築內的智慧系統，定期檢查和維護設備，以及更新軟體和硬體以適應新的技術進步。專業人員的培訓和技術支持對於確保系統的穩定運行和長期效益最為重要。持續的技術升級不僅能夠提高建築的功能性，還能確保建築物能夠滿足最新的性能標準。

發展趨勢

1. **技術整合**

    隨著物聯網（IoT）、人工智慧（AI）和大數據技術的快速發展，智慧建築將實現更高層次的技術整合和智慧化應用。這些技術的融合使得智慧建築能夠更全面地收集和分析資料，實現更加精確的環境控制和資源管理。物聯網技術提供了大量的傳感器和設備，能夠即時監控建築的各項參數，例如：溫度、濕度和能耗等。人工智慧則能透過深度學習和智能演算法，對這些資料進行分析，預

測和調整建築系統的運作並提高能效。大數據技術則幫助整合和處理來自不同來源的資料，提供全面的洞察，支持決策過程並改善建築運營。這些技術的應用不僅提升了建築物的智慧化水平，也推動了建築行業向更加節能、環保的方向發展。

2. **綠色建築融合**

   智慧建築和綠色建築理念的融合，將推動建築行業向更加永續和環保的方向發展。智慧建築透過整合先進的技術，如物聯網、人工智慧和大數據，實現高效的資源管理和環境控制，從而提高能效和降低碳排放。綠色建築則強調使用環保材料、改善能源使用和提升建築的永續性。當這兩者結合時，智慧建築能夠進一步實現綠色建築的目標，如最大化能源利用效率、減少資源浪費和提高室內環境品質。同時，綠色建築的設計原則也為智慧建築提供了實現永續性的基礎。這種融合不僅能提高建築的性能和舒適度，還能為應對氣候變化和環境保護作出積極貢獻，最終促進建築行業向更加永續的方向發展。

3. **用戶感受提升**

   智慧建築將更加重視用戶需求和感受，透過先進的技術提供更加個性化和舒適的居住和工作環境。利用物聯網、人工智慧和資料分析，智慧建築能夠根據用戶的即時需求自動調節室內環境，例如：調整照明、溫度和空氣品質，以適應不同的活動和個人偏好。智慧建築還能整合個性化的控制系統，讓用戶透過手機或語音助手輕鬆調整環境設置，提升使用者的舒適度和滿意度。這種人性化的設計不僅提升了居住和工作環境的品質，還能促進健康和生產力，使智慧建築更充分滿足現代人對居住和工作空間的高要求。

4. **政策支持**

   各國政府透過政策和法規支持智慧建築的發展，促進行業的成長和創新。政府通常提供補貼和稅收優惠來激勵企業和個人採用智慧建築技術，減少初始投資的負擔。政府還制定技術標準和規範，以確保智慧建築系統的相容性。這些措施不僅促進了智慧建築技術的普遍性，還推動了建築行業向更加高效、環保的方向發展。政策支持有助於降低技術採用的障礙，加快智慧建築技術的實施速度，並提高整體建築行業的永續性。

智慧建築作為未來建築行業的重要發展方向，將在提升能源效率、增強安全性、促進永續發展和提高生活品質方面發揮重要作用。隨著技術的不斷進步和政策支持的加強，智慧建築在未來將具有廣闊的發展前景。

💡 智慧照明的主要組成部分

1. **智慧燈泡和燈具**
   - **智慧燈泡**：內建 Wi-Fi、藍牙或 Zigbee 等通信模組，可以透過移動應用、語音助手或智慧控制系統進行遠程控制和自動化管理。
   - **智慧燈具**：彙集了智慧燈泡和各種傳感器，可以根據環境光線、時間和使用者活動自動調節亮度和顏色。

2. **傳感器**
   - **光線傳感器**：檢測環境光線強度，根據光線變化自動調整照明亮度。
   - **動作感應器**：檢測使用者的活動，實現人來燈亮、人走燈滅的自動化控制。
   - **溫度和濕度感應器**：監測環境條件，提供更加舒適的照明環境。

3. **控制器和控制平台**
   - **智慧開關和調光器**：替代傳統開關和調光器，可以遠程控制和自動調節照明。
   - **控制平台**：通常是移動應用或基於雲端的控制系統，用於集中管理和控制所有智慧照明設備。

4. **通信技術**
   - **Wi-Fi**：常見於家庭智慧照明系統，便於連接和控制，但對網絡穩定性要求較高。
   - **藍牙**：適用於短距離控制，如手機直接控制燈泡。
   - **Zigbee 和 Z-Wave**：適用於大規模和長距離控制，通常用於專業智慧家居系統，具有低功耗和高可靠性。

智慧照明的優點

1. **節能和環保**

   智慧照明系統可以根據環境光線和使用者需求自動調節亮度，避免能源浪費，提高能源效率。

2. **提升舒適度**

   智慧照明系統提供可調節的光線，適應不同的使用場景和需求，例如：閱讀、工作、休息等，提高居住和工作環境的舒適度。

3. **增強便利性**

   透過移動感應器應用和語音助手，使用者可以輕鬆遠程控制照明，設置自動化場景，例如：定時開關、入睡模式等，提升生活便利性。

4. **提高安全性**

   智慧照明系統可以與安防系統聯動，在檢測到異常活動時自動開啟燈光，提供警示和安全保障。

發展趨勢

1. **語音控制和人工智慧**

   語音助手（如 Amazon Alexa、Google Assistant、Apple Siri）和人工智慧技術正在進一步推動智慧照明系統的智能化和便捷性。透過語音命令，使用者可以輕鬆控制燈光的開關、亮度調節、顏色變換等功能，而無需依賴傳統的手動操作。這種無縫整合的技術不僅增強了用戶使用效率，還提升了家庭或辦公空間的自動化程度。人工智慧技術的應用使得智慧照明系統能夠學習用戶的習慣和偏好，從而自動調整照明設置，提供更個性化的光環境。例如：系統可以根據時間、自動調整燈光亮度和顏色，營造出最佳的照明效果。這些技術的結合使智慧照明不僅更加便利，還更加智能，進一步推動了智能家居領域的發展。

2. **5G 技術應用**

   5G 技術的普遍性將為智慧照明設備的發展帶來明顯的推動作用。憑藉更快的網絡速度和更低的延遲，5G 技術能夠實現智慧照明設備的更高效互聯互通，並大幅提升即時控制的能力。具體而言，5G 技術的高帶寬和低延遲特性使得智慧照明系統能夠更迅速地回應用戶的指令，無論是透過語音助手、手機應用還是其他智能設備，均能即時實現燈光的調控。5G 的廣泛覆蓋和穩定連接，還可以支持大規模的設備聯網，這代表在智慧家居、智慧辦公和智慧城市等應用場景中，數以百計的智慧照明設備可以無縫協同工作，提供更精細和個性化的照明感受。這種技術進步不僅提高了智慧照明的便利性，還增強了其應用的廣度和深度，進一步推動了物聯網生態系統的發展，並為未來的智能生活奠定了堅實的基礎。

3. **健康照明**

   智慧照明系統正在向更高層次的智慧化和人性化發展，其中一個重要的趨勢是更加重視健康和福祉。這些系統不僅僅是為了照亮空間，而是透過動態調節光

線來適應人體的生理時鐘，提供一個更符合自然節律的照明環境。具體來說，智慧照明系統可以根據一天中不同的時間，自動調整光的強度和色溫，模擬自然光的變化。例如：在早晨和白天，系統會提供較明亮且接近日光的冷色調光線，以促進警覺性和生產力。而到了晚上，系統會逐漸切換到柔和的暖色調光線，幫助人們放鬆身心，為良好的睡眠做好準備。這種基於人體生理節律的照明調節不僅有助於提高日常生活中的舒適感，還能有效減少由於不當照明引起的健康問題，如眼睛疲勞、睡眠障礙和壓力。這類智慧照明系統還可以考慮到不同年齡段和特殊需求人群的差異，提供更個性化的光環境，從而在提升生活品質的同時，也為健康管理提供了一種全新的工具。總體而言，智慧照明系統正在朝向更重視健康和福祉的方向發展，這不僅改善了光環境的品質，還為現代人提供了一種更健康、更自然的生活方式。

4. **綠色照明**

未來的智慧照明系統將在能源管理和環保方面發揮越來越重要的作用，成為推動永續生活方式的重要技術之一。這些系統不僅會提高照明的能效，還將透過智慧控制和自動化技術，最大限度地減少能源浪費，從而降低碳排放，實現更環保的生活方式。具體來說，智慧照明系統將能夠根據即時需求自動調整燈光的強度和使用時間。例如：當人離開房間時，系統會自動關閉燈光，或者根據自然光的強度自動調節室內照明，確保在不影響舒適度的前提下，盡量減少電力消耗。並且透過與其他智能家居設備的整合，智慧照明系統還可以根據用戶的日常行為模式預測照明需求，進一步最佳化能源使用。這些技術的應用不僅可以明顯降低家庭和商業場所的能源成本，還有助於減少電網的負荷，從而降低整個社會的能源消耗。同時，隨著更多可再生能源的引入，智慧照明系統還將能夠智能地分配和利用這些清潔能源，進一步推動永續發展目標的實現。總之，未來的智慧照明將成為實現永續生活方式的重要組成部分，透過更高效的能源管理和環保設計，這些系統將在促進環境保護和提升生活品質方面發揮重要作用。

智慧照明作為智慧家居和智慧城市的重要組成部分，將在提升生活品質、增強安全性和促進永續發展方面發揮重要作用。隨著技術的不斷進步和市場需求的增長，智慧照明在未來將具有廣闊的發展前景。

> **補充** 智慧家居（Smart Home）是指利用先進的數字技術、物聯網（IoT）和自動化系統，實現家庭內各種設備和系統的智慧化控制和管理，提供更加便捷、舒適、安全和節能的居住環境。智慧家居系統涵蓋了家庭的各個方面，包括照明、暖通空調、安全監控、家電和娛樂設備等。

綠色建築

綠色建築（Green Building）是一種在設計、建造、運營和維護過程中注重環境保護、資源節約和永續發展的建築模式。綠色建築旨在最大程度地減少對環境的負面影響，提高建築物的能源效率和使用者的健康舒適度。

綠色建築的主要特點

1. **節能**
   - 使用高效率的建築設計和技術，例如：高性能的隔熱材料、節能窗戶和智慧照明系統，減少建築物的能源消耗。
   - 採用可再生能源，例如：太陽能和風能，提供清潔能源。

2. **節水**
   - 實施節水措施，例如：低流量水龍頭、節水型馬桶和雨水收集系統，減少水資源的消耗。
   - 利用再生水和灰水回收系統，實現水資源的循環利用。

   > **提示！**
   > **灰水**是指輕度污染的廢水，通常來自家庭或工業用水中不含糞便和尿液的部分。它通常包括廚房排水、洗衣水、淋浴水和洗手盆排水等。灰水相對於「黑水」（即含有糞便和尿液的廢水）污染程度較低，可以經過處理後再利用，如用於灌溉、沖廁或園藝。

3. **材料和資源管理**
   - 選用環保材料和可再生材料，減少對環境的負面影響。
   - 改善建築施工和運營過程中的資源管理，減少廢棄物的產生，實現資源的回收再利用。

4. **室內環境品質**
    - 保證室內空氣品質，使用低揮發性有機化合物（VOC）材料，減少有害氣體的釋放。
    - 採用自然通風和自然採光設計，提升室內環境的健康和舒適度。
5. **永續場地選擇和設計**
    - 選擇合適的建築場地，避免對自然生態系統的破壞。
    - 進行場地綠化和景觀設計，促進生物多樣性和生態平衡。

> **提示！**
>
> **生物多樣性（Biodiversity）** 的定義是指地球上各種生命形式的多樣性，涵蓋了所有生物體及其相互關係和生態系統的變化。這個概念包含了三個主要層次的多樣性：基因多樣性：指同一物種內不同個體之間的基因差異。這種差異是物種適應環境變化和演化的基礎。物種多樣性：指一個地區或生態系統中存在的不同物種的數量和種類。物種多樣性通常被用作衡量一個生態系統健康狀況的指標。生態系統多樣性：指不同生態系統類型及其複雜性，包括森林、草原、濕地、海洋等各種環境。不同的生態系統提供了多樣化的棲息地和生存條件，支撐著不同的物種群體。

綠色建築的優點

1. **環境保護**

    綠色建築在設計和運營中注重減少對環境的負面影響，有助於保護生態系統和自然資源。

2. **能源和資源節約**

    透過高效的設計和技術，綠色建築可以明顯降低能源和水資源的消耗，減少運營成本。

3. **提高健康和舒適度**

    綠色建築提供健康的室內環境，提高居住者的生活品質和工作效率。

4. **經濟效益**

    雖然綠色建築的初始建設成本可能較高，但其運營成本較低，並且能提升建築物的市場價值和吸引力。

綠色建築的挑戰

1. **初始成本高**

    綠色建築的設計和建造通常需要較高的初始投資，包括高效設備和環保材料的使用。

2. **技術和知識要求高**

    綠色建築需要專業的技術和知識，包括能源管理、環境科學和永續設計等領域的專業知識。

3. **政策和標準不統一**

    不同地區和國家的綠色建築政策和標準不統一，可能影響綠色建築的推廣和應用。

▲ 零耗能建築案例：神奈川開成町市政廳
https://www.pref.kanagawa.jp/docs/ap4/cnt/f7600/nintei57.html

綠色建築的認證系統

1. **LEED（Leadership in Energy and Environmental Design）**
    - 由美國綠色建築委員會（USGBC）制定的國際綠色建築認證系統，涵蓋設計、建造和運營的各個方面。
    - LEED認證根據積分系統評估建築物的永續性，分為認證級、銀級、金級和鉑金級。

2. **BREEAM（Building Research Establishment Environmental Assessment Method）**
   - 由英國建築研究機構（BRE）制定的綠色建築評估方法，是全球最早的綠色建築評估體系之一。
   - BREEAM 評估涵蓋能源、水、材料、健康與舒適、交通、廢棄物和管理等方面。

3. **WELL 建築標準**
   - 專注於提升建築物居住者健康和福祉的標準，由國際 WELL 建築研究所（IWBI）制定。
   - WELL 標準涵蓋空氣、水、營養、光、健身、舒適和精神等多個維度。

發展趨勢

1. **技術創新**

   隨著智慧建築技術、物聯網和人工智慧的發展，綠色建築將實現更加智慧化和高效化的演變。智慧建築技術使得綠色建築能妥善地整合能源管理、環境監測和空間改善。物聯網技術提供了即時資料的收集和分析能力，使得建築系統能夠即時調整運行模式以提高能源效率和舒適度。人工智慧則進一步改善了能源使用和資源分配，透過智能預測和自動化控制，幫助建築物達到更高水平的環保作為和運營效益。這些技術的融合不僅提升了綠色建築的整體效能，也推動了建築行業向更加永續的方向發展。

2. **政策支持**

   各國政府透過法規、獎勵措施和補貼等手段，積極鼓勵綠色建築的發展和應用。這些措施包括制定專門的環保建築標準和法規，提供稅收優惠和經濟補貼來減輕建設成本，並推動技術創新和行業最佳實踐的應用。這些政策不僅促進了綠色建築的普遍性，也支持了能源效率的提升和環境保護目標的實現。

3. **市場需求增長**

   隨著環保意識的提高和市場需求的增長，綠色建築正逐漸成為建築行業的重要發展方向。這一趨勢反映了社會對永續發展和環境保護的日益重視，促使建築行業積極採用節能、低碳和資源循環利用的設計和建造方法。綠色建築不僅能減少能源消耗和碳排放，還能提升建築物的舒適性和健康性，滿足日益增長的市場需求。

綠色建築作為一種永續發展的建築模式，不僅有助於環境保護和資源節約，還能提高建築物的能源效率和使用者的健康舒適度。隨著技術的不斷進步和政策支持的加強，綠色建築在未來的建築市場中將發揮越來越重要的作用。

案例解析

四大面向驅動近代史最大淨零排放「生活轉型」

覺得零碳只是企業的責任？2050 年的淨零排放看似遙遠，但事實上，這將深刻改變我們每一個人的生活。今年 3 月，國發會公布了台灣 2050 淨零排放的路徑與策略，提出五大路徑、四大轉型策略及兩大基礎，並計劃在 2030 年前投入 9000 億元推動八大計畫，這意味著未來 28 年，人人都將參與這場零碳革命。

在四大轉型策略中，「生活轉型」對民眾影響最大，涵蓋了從飲食、購物到交通等方方面面。行政院環保署推動了零浪費低碳飲食、循環建築、低碳運輸等措施，倡導以租代買，延長物品壽命，並推廣公共運輸和共享經濟，以減少碳排放。

調查顯示，年輕人對落實淨零永續行為的意願偏低。專家建議，應透過教育和社會互動來提高年輕人的參與度，例如推動競賽模式或同儕激勵來鼓勵他們採取節能行為。

隨著「生活轉型」的推進，我們將見證一場全社會的深刻變革，並共同努力達成 2050 年淨零排放的目標。

（資料來源：https://itritech.itri.org.tw/blog/life-transformation_net-0/）

💡 可再生能源利用

可再生能源如太陽能、風能和生物能,是減少碳排放的重要途徑,這些能源來源取之不盡,用之不竭,並且在使用過程中幾乎不會產生二氧化碳等溫室氣體。隨著全球對氣候變化的在意程度加深和技術的不斷進步,可再生能源的應用已成為實現永續發展的核心戰略之一。

1. **太陽能**

    太陽能發電已經在全球範圍內廣泛應用,並且成本逐年下降,使其成為最具潛力的可再生能源之一。太陽能利用太陽輻射來產生電力,這一過程完全不排放溫室氣體。太陽能發電技術主要包括光伏發電和光熱發電。光伏發電利用太陽能電池將陽光直接轉化為電能,已經在住宅、商業和工業領域得到了廣泛應用。光熱發電則透過聚集太陽光加熱流體來驅動發電機,適合於大規模的電力生產。無論是大型光伏電站還是分散式光伏系統,太陽能發電都在全球電力結構中扮演著越來越重要的角色,為減少化石燃料的使用和降低碳排放做出了巨大貢獻。

2. **風能**

    風能也是全球減碳的重要能源之一。風能發電依賴於風力驅動風車的轉動,將動能轉化為電能。風能資源豐富,尤其是在沿海地區和高地,風能發電已經成為這些地區的重要電力來源。風能技術的進步使得風力發電機的效率不斷提高,並且可以應對更低風速條件下的發電需求。如今,海上風電場和陸上風電場在全球各地迅速擴展,為可再生能源供應提供了穩定的保障。風能發電不僅能夠減少對煤炭和天然氣等化石燃料的依賴,還能大幅降低能源系統的碳排放量。

3. **生物能**

    生物能則是透過廢棄物處理和有機材料的轉化來產生能源,這一過程實現了能源回收和減排的雙重效果。生物能可以來自多種來源,包括農業廢棄物、林業廢料、城市垃圾和動物糞便等。這些材料可以經由燃燒、厭氧發酵或其他化學轉化過程轉化為熱能或電能。生物能不僅能夠為電力和熱力生產提供永續的能源來源,還有助於減少廢棄物的堆積和有害氣體的排放。生物能技術還可以用於生產生物燃料,如生物柴油和生物乙醇,這些燃料可作為傳統化石燃料的替代品,進一步減少交通運輸領域的碳排放。

總體來說，太陽能、風能和生物能等可再生能源是實現全球碳減排目標的關鍵力量。隨著技術的進步和成本的降低，這些可再生能源在全球能源結構中的比例將持續上升，從而推動能源轉型，減少對化石燃料的依賴，並為應對氣候變化提供有效解決方案。這些能源的廣泛應用不僅有助於保護環境，還能促進經濟增長。

> **補充 核能**
>
> 核能是一種利用原子核內部能量來發電或提供動力的高能量密度能源形式。其主要形式是核裂變，經由重原子核（如鈾-235 或鈽-239）的分裂釋放出大量能量，用於發電或驅動船舶和其他設備。另一種形式是核融合，這是未來具有巨大潛力的能源技術，透過將輕原子核（如氘和氚）結合成較重的原子核釋放能量，目前仍在研發中。
>
> 核能具有多項優點，包括極高的能量密度、穩定的電力供應和低碳排放，因此被視為實現全球碳中和目標的重要組成部分。核電站在許多國家已成為基載電力的主要來源，並且核動力技術廣泛應用於軍事和科學探索領域，如核潛艇和破冰船。
>
> 然而，核能也面臨著幾大挑戰。首先是核安全問題，歷史上的重大核事故，如車諾比和福島核災事件，暴露了核能可能帶來的風險。其次，核能產生的長壽命放射性廢物需要安全處理和長期儲存，這對技術和管理都是極大的挑戰。此外，核能技術的擴散可能帶來核武器擴散的風險，這需要國際社會嚴格監管。
>
> 展望未來，第四代核反應爐和小型模塊化反應爐（SMR）等新技術正在開發中，旨在提高核能的安全性和永續性。核能與再生能源的結合被視為實現低碳能源系統的關鍵，兩者的互補有望滿足不同時間和區域的電力需求，推動全球能源結構轉型和氣候變遷應對。

▲ 法國的卡特農核電站。法國依靠核能產生全國 75% 的電能。
圖片來源：https://zh.wikipedia.org/zh-tw/%E5%90%84%E5%9B%BD%E6%A0%B8%E8%83%BD%E5%88%A9%E7%94%A8%E6%83%85%E5%86%B5#/media/File:Nuclear_Power_Plant_Cattenom.jpg

💡 太陽能

太陽能是一種利用太陽光輻射能量的技術，轉換成電力或熱能，以提供清潔和可再生的能源來源。隨著技術的進步和環保意識的提高，太陽能在全球範圍內的應用越來越廣泛。

案例解析　台電彰濱光電場

台電彰濱光電場位於彰化縣鹿港鎮的彰濱工業區，是台灣前三大地面型太陽能發電場之一，裝置容量達 100MW，年發電量約 1.3 億度電，可供應超過 3 萬戶家庭使用。該光電場自 2018 年動工，並於 2019 年 10 月正式啟用，成為台電推動再生能源的重要項目之一。為兼顧生態保護，彰濱光電場採取了生態多樣工法，與中華民國野鳥學會合作，在場區規劃了小燕鷗的友善棲息環境，包含 7.4 公頃的景觀調節池與防風林隔離綠帶，成為小燕鷗與其他鳥類的育雛區。此項目展現了科技與生態共存的可能，並為公眾提供了觀光和環境教育的空間。同時，台電在彰濱崙尾區進行的三期風力發電計畫也已完成，共安裝 35 部風機，總容量達 71.2MW，年發電量預估超過 2 億度。雙綠能系統的綜合年發電量可超過 3.4 億度，使彰濱地區成為台灣首屈一指的再生能源示範基地，推動了綠色轉型和生態保護的多元價值。

▲ 小燕鷗
圖片來源：SOW 荒野保護協會 https://www.sow.org.tw/blog/20220907/42803

太陽能技術的種類

1. **太陽能光伏（Photovoltaic, PV）技術**
   - 利用光伏效應將太陽光直接轉換為電能。
   - 常見的光伏技術包括單晶矽、多晶矽和薄膜光伏。
   - 光伏電池組件可以用於住宅、商業建築和大型太陽能發電廠。

2. **太陽能熱能技術**
   - 集中式太陽能熱發電（Concentrated Solar Power, CSP）：利用反射鏡或透鏡將太陽光聚焦到一個小範圍，產生高溫，用於發電或工業用途。常見的 CSP 技術有拋物線槽、太陽塔和線性菲涅耳反射鏡。
   - 太陽能熱水器：利用太陽能加熱水，供家庭或商業用途，例如：洗浴和供應暖能。

> **提示！**
>
> **線性菲涅耳反射鏡**是一種利用菲涅耳透鏡原理設計的反射鏡系統，通常應用於聚光型太陽能發電系統（Concentrated Solar Power，CSP）。這種反射鏡系統由多條狹長的反射鏡組成，這些反射鏡排列成平行的線性陣列，用於將陽光集中到一個焦線上或焦點上，從而加熱吸收器中的工作流體（例如：水、熔鹽等），最終產生蒸汽來驅動發電機。

太陽能的優點

1. **清潔能源**

   太陽能是一種清潔的可再生能源，不會產生溫室氣體排放，因此對減少空氣污染和氣候變化的影響具有明顯作用。利用太陽能發電可以降低對傳統化石燃料的依賴，減少二氧化碳及其他污染物的排放，從而改善空氣品質並緩解全球暖化。這使得太陽能成為推動永續發展和實現碳中和目標的重要技術。

2. **可再生性**

   太陽能是一種無限的能源，只要有陽光，就可以持續使用。與化石燃料等有限資源相比，太陽能的永續性使其成為一種長期穩定的能源來源。太陽光在地球上幾乎是隨時可得的，無論是在白天還是晴天，太陽能系統都能有效地捕獲並轉換陽光為電力或熱能。這一特性使得太陽能在能源結構中占有重要地位，支持永續發展和能源獨立。

3. **降低能源成本**

   在長期使用中，太陽能系統可以明顯降低電力和能源成本。儘管太陽能系統的初始安裝成本可能較高，但一旦系統投入使用，其產生的電力幾乎是免費的。這意味著使用者可以大幅降低電力開支，尤其是當系統的運行成本低於傳統能源的費用時。許多地區提供的稅收優惠和補貼措施進一步降低了安裝成本，加快了投資報酬率。隨著太陽能技術的進步和規模經濟的實現，太陽能系統的成本效益將持續提升，使其成為一個經濟實惠的能源選擇。

4. **能源獨立性**

   利用太陽能發電可以有效減少對傳統化石燃料的依賴，從而提高能源安全性。太陽能是一種清潔且可再生的能源，其能源來源無限且普遍存在。透過部署太陽能系統，我們可以減少對石油、天然氣和煤炭等化石燃料的需求，降低能源價格波動的風險。太陽能發電系統可以分散能源供應，減少因地緣政治衝突或自然災害造成的能源供應中斷。這不僅有助於提升能源供應的穩定性，也對促進能源自主和保障能源安全具有重要意義。

太陽能的挑戰

1. **初始成本高**

   安裝太陽能系統的初始成本相對較高，主要包括太陽能電池板、逆變器、安裝和維護等費用。然而，隨著技術的不斷進步和產業規模經濟的發展，這些成本

正在逐步降低。太陽能技術的效率提升和生產工藝的改進，使得太陽能電池板的單位成本逐年下降。市場需求的增加和生產規模的擴大，也促使整體成本得到有效控制。長期而言，儘管初期投資較大，但太陽能系統的運行和維護成本相對較低，且能夠明顯降低電力和能源成本，使得投資報酬率逐漸提高。因此，安裝太陽能系統仍然是一個值得考慮的環保選擇。

2. **依賴陽光**

   太陽能發電仰賴於天氣和日照條件，因此其發電能力會受到時間和天氣變化的影響。白天有陽光時，太陽能電池板能夠高效地產生電力，但在夜間或陰天時，發電能力會明顯降低。這種波動性需要透過儲能系統（如電池儲能）或其他補充能源來解決，以確保穩定的電力供應。儘管太陽能發電受天氣影響，但在多數地區，太陽能系統仍然能夠提供穩定的能源供應。

3. **土地需求**

   大規模的太陽能發電設施需要占用大量的土地面積，這可能會與其他土地用途產生衝突。例如，大型太陽能發電場可能會佔用原本可用於農業、建設或保護自然區域的土地。因此，在設置太陽能發電設施時，需要進行充分的土地規劃和環境影響評估，以確保其建設不會對生態系統或社區造成過大的影響。同時，實施例如屋頂太陽能系統和農光互補等解決方案，可以有效地減少對土地的需求。

太陽能的應用

1. **住宅和商業**
   - 屋頂太陽能光伏系統：安裝在屋頂上，為家庭和商業建築提供電力。
   - 太陽能熱水器：提供熱水和供應暖能。

2. **公共設施**
   - 太陽能街燈和交通信號燈：利用太陽能供電，提高能源效率。
   - 太陽能充電站：為電動車提供清潔能源。

3. **公共設施**
   - 太陽能街燈和交通信號燈：利用太陽能供電，提高能源效率。
   - 太陽能充電站：為電動車提供清潔能源。

發展趨勢

隨著技術的不斷進步和成本的逐步降低，太陽能的應用範圍和市場規模將不斷擴大。未來的太陽能技術將更加高效、靈活和經濟，並在全球能源結構中發揮越來越重要的作用。

在推動永續發展和應對氣候變化的背景下，太陽能作為一種清潔和可再生的能源，將在未來能源轉型中扮演關鍵角色。

案例解析　用電大戶「放空」屋頂太陽光電潛力，反要全民共擔高碳排放

當再生能源成為全球熱議焦點時，臺灣部分產業卻在能源轉型上顯得遲緩不前。這究竟是因為缺乏能力，還是企業本身不願意採取行動？綠色和平組織在 2020 年 12 月 16 日發布的一項研究，針對臺灣四大傳產集團（台塑、遠東、台玻、中鋼）的屋頂太陽光電潛力進行盤點，結果揭示這些企業雖具備充足能力卻選擇不作為。這導致全民不得不為這些高用電量企業所產生的溫室氣體買單，並承受氣候變遷帶來的風險與危機。

綠色和平針對臺灣四大傳產集團（台塑、遠東、台玻、中鋼）旗下 10 家關係企業共 24 個廠區的屋頂太陽光電潛力進行了調查。研究結果顯示，這些企業的屋頂太陽光電潛力約為 363MW，相當於 8 萬戶家庭一年的用電量，但實際安裝量僅為 56MW，總安裝比例僅達 15.4%。

其中，中國鋼鐵和其持股的中龍鋼鐵的屋頂太陽能建置比例分別為 67.3% 和 5%，而其他三大集團的個別企業建置率則都低於 5%。

（資料來源：https://itritech.itri.org.tw/blog/life-transformation_net-0/）

儘管政府已經推出《用電大戶條款》，要求企業將 10% 契約容量的用電轉為再生能源，這相當於僅需使用 2% 綠電即可滿足條款要求。然而，這些企業卻以「買不到綠電」、「設置綠電會衝擊資產」以及「疫情影響營收」等理由，持續要求延後實施該條款。

綠色和平的能源專案主任蔡篤慰指出，臺灣超過 30% 的碳排放來自這些用電大戶，若它們繼續推遲使用再生能源，將對臺灣的減碳努力造成嚴重阻礙。

為什麼要求企業安裝屋頂太陽能光電？與地面型光電相比，屋頂太陽能光電不需要額外購地，生態爭議也較少，是一種高效且環保的選擇。全球已有許多成功案例可以供臺灣企業參考。例如，泰國的「太陽能改革計畫」成功促成多家公立醫院安裝太陽能發電裝置，不僅能在五年內收回成本，還能每年節省可觀的電費。這一成功案例促使泰國政府擴大太陽能安裝計畫。

隨著國際能源總署（IEA）預估的太陽光電建置成本下降，以及太陽能發電潛力的增長，臺灣企業應該積極參與能源轉型，跟上全球減碳趨勢。當公眾和中小企業已經在努力使用綠電和減碳時，主要用電大戶卻仍然遲緩不前，甚至要求延後實施本已寬鬆的法規。

能源轉型需要更多公眾力量的參與，無論是分享資訊、支持再生能源，還是與綠色和平一起督促政府制定有效的政策和法律，都將有助於打造一個更永續、宜居的地球家園。

（資料來源：https://www.greenpeace.org/taiwan/update/22765/）

💡 風能

風能是利用風力將風的動能轉換為電能的一種可再生能源技術。風能技術的應用日益廣泛，並在全球範圍內迅速增長，成為減少溫室氣體排放和實現能源轉型的重要組成部分。

▲ 風力發電廠

圖片來源：https://zh.wikipedia.org/zh-tw/%E9%A2%A8%E5%8A%9B%E7%99%BC%E9%9B%BB%E5%BB%A0#/media/File:Wind_power_plants_in_Xinjiang,_China.jpg

風能技術的種類

1. **風力發電機（Wind Turbines）**
   - **水平軸風力發電機（Horizontal Axis Wind Turbines, HAWTs）**：這是最常見的風力發電機類型，風車葉片安裝在水平軸上，並垂直於風的方向旋轉。典型的 HAWTs 包括塔架、風輪、發電機和控制系統。
   - **垂直軸風力發電機（Vertical Axis Wind Turbines, VAWTs）**：風車葉片安裝在垂直軸上，可以從任何方向接收風力。這種風力發電機適用於小規模或城市應用。

2. **離岸風力發電（Offshore Wind Power）**
   - 離岸風力發電機安裝在海洋中，利用海上的強風和穩定風速進行發電。離岸風力發電可以避免陸地風力發電的土地限制問題，通常具有較高的發電效率。

風能的優點

1. **清潔能源**
   風能不產生溫室氣體排放和其他空氣污染物，有助於減少氣候變化和改善空氣品質。

2. **可再生性**

   風能是一種取之不盡的自然資源，只要有風，就可以持續利用。

3. **降低能源成本**

   隨著技術進步和規模經濟的發展，風力發電的成本逐漸降低，並且運營和維護成本相對較低。

4. **創造就業**

   風能產業的發展可以創造大量的就業機會，包括製造、安裝、運營和維護等領域。

風能的挑戰

1. **間歇性和不穩定性**

   風能依賴於風速和風向，這些因素具有間歇性，可能導致發電不穩定。

2. **視覺和噪音影響**

   風力發電機的運行可能對景觀和環境產生影響，包括視覺污染和噪音問題。

3. **生態影響**

   風力發電設施可能對鳥類和其他野生動物產生影響，需要進行環境影響評估和採取緩解措施。

4. **基礎設施要求**

   大型風力發電設施需要配套的電網基礎設施和連接點，以確保穩定的電力輸送。

風能的應用

1. **陸上風力發電（Onshore Wind Power）**
   - 陸上風力發電機安裝在地面上，通常位於風力資源豐富的地區，如海岸、山脊和開闊平原。
   - 陸上風力發電適用於大規模和小規模發電，供應電網或獨立電力系統。

2. **離岸風力發電（Offshore Wind Power）**
   - 離岸風力發電機安裝在近海或遠海的淺水或深水區域，利用海上的強風資源。

- 離岸風力發電通常具有較高的發電效率和容量，適用於大規模發電和供應電網。

發展趨勢

1. **技術創新**

   風力發電技術不斷創新，包括更高效的風車設計、智慧控制系統和先進的材料技術，以提高發電效率。

2. **規模經濟**

   隨著風力發電規模的不斷擴大，製造和安裝成本逐漸降低，推動了風能市場的快速增長。

3. **政策支持**

   各國政府紛紛出台支持風能發展的政策和激勵措施，包括補貼、稅收優惠和可再生能源配額制度。

4. **全球合作**

   風能產業的全球化和國際合作日益增強，推動了技術交流、資金支持和市場擴展。

風能作為一種清潔、可再生和永續的能源，在應對氣候變化、減少碳排放和實現能源轉型中發揮著重要作用。隨著技術的不斷進步和市場的擴展，風能在未來的能源結構中將佔據越來越重要的地位。

> **補充 水力發電**
>
> 水力發電是利用水的位能和動能轉化為電能的過程。它是一種可再生能源，因為水在地球水循環中持續存在和循環。水力發電在全球範圍內是廣泛使用的發電方式，特別是在水資源豐富的地區。以下是對水力發電的詳細介紹：
>
> 1. 水力發電的基本原理
>
>   ① 重力位能轉換：水力發電的基本原理是利用水的重力位能。當水從高處流向低處時，其位能被釋放並轉化為動能。
>
>   ② 動能轉換為電能：水流的動能推動水輪機旋轉，水輪機再帶動發電機發電，將機械能轉化為電能。

2. 水力發電站的類型 – 壩式水力發電

　① 原理：這種發電站通常建在河流上，透過修建大壩將水儲存在水庫中。當需要發電時，水庫中的水被引流至水輪機，推動其運轉發電。

　② 優勢：壩式水力發電站可以提供穩定的電力輸出，並且可以透過調節水庫水位來控制發電量。

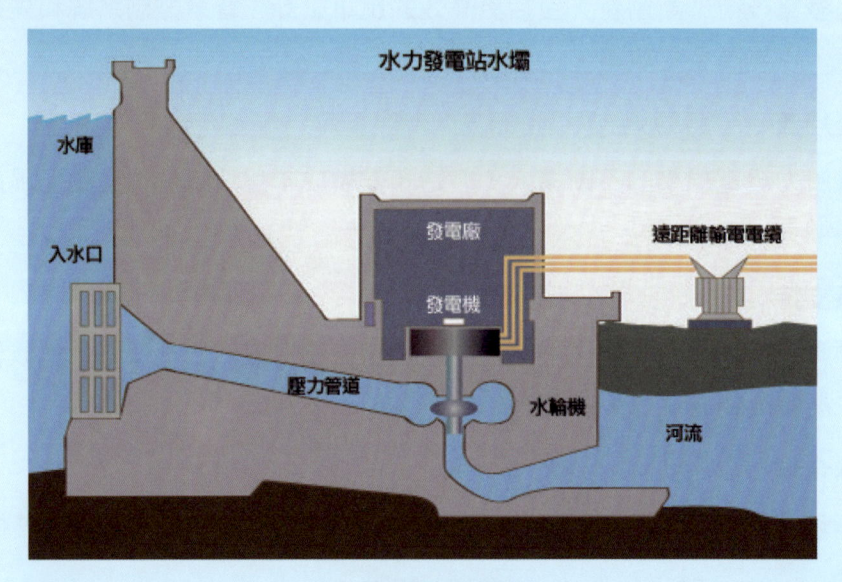

▲ 機電工程署

圖片來源：https://www.emsd.govs/energyland/tc/energy/renewable/hydro.html

💡 生物能

生物能（Biomass Energy）是指利用生物質材料（例如：植物、農業廢棄物、動物糞便等）轉化為能源的一種技術。生物能作為一種可再生能源，具有減少溫室氣體排放、處理廢棄物和促進農村發展等多重優點。

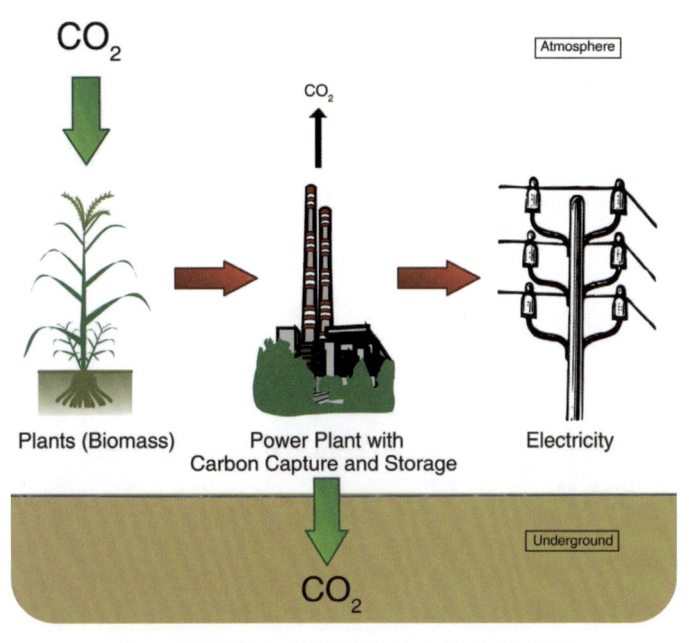

▲ 附設碳捕集與封存設施的生物能源發電廠

圖片來源：https://zh.wikipedia.org/zh-tw/%E7%94%9F%E7%89%A9%E8%83%BD%E6%BA%90%E4%B8%8E%E7%A2%B3%E6%8D%95%E8%8E%B7%E5%92%8C%E5%82%A8%E5%AD%98

生物能的種類

1. **直接燃燒**
   - 將生物質材料（如木材、農作物殘渣）直接燃燒產生熱能，提供暖能或發電。

2. **生物質轉化技術**
   - **熱化學轉化**：包括氣化、熱解和液化等技術，將生物質轉化為可燃氣體、液體燃料或化學產品。
   - **生物化學轉化**：包括厭氧消化和發酵等技術，利用微生物作用將生物質轉化為沼氣（主要成分為甲烷）或生物乙醇等燃料。

3. **生物燃料**
   - **生物柴油**：由動植物油脂或廢棄油脂經過轉酯化反應製成，用於替代或與柴油混合使用。
   - **生物乙醇**：由植物（如玉米、甘蔗）中的糖或澱粉經發酵製成，用於替代或與汽油混合使用。

生物能的優點

1. **減少溫室氣體排放**

   生物質在生長過程中經由光合作用吸收二氧化碳，燃燒或轉化過程中排放的二氧化碳與其吸收量基本相等，實現碳中和。

2. **資源豐富**

   生物質資源廣泛存在於農業、林業和畜牧業，具有很大的開發潛力。

3. **廢棄物處理**

   利用農業和工業廢棄物、生物質垃圾和動物糞便生產能源，有助於減少廢棄物處理壓力和環境污染。

4. **促進農村經濟**

   生物能開發可以增加農民收入，創造就業機會，促進農村地區經濟發展。

生物能的挑戰

1. **土地和水資源競爭**

   大規模生物能生產可能與糧食作物生產競爭土地和水資源，需要平衡能源與糧食安全的關係。

2. **技術和成本**

   生物能轉化技術相對複雜，生產成本較高，需進一步技術創新和成本降低。

3. **環境影響**

   生物能生產過程中可能涉及化肥和農藥的使用，需注意避免對環境造成負面影響。

生物能的應用

1. **家庭和農業**
   - **生物質爐灶**：在農村地區，使用生物質爐灶以木材或農作物殘渣作為燃料，供烹飪和取暖。
   - **沼氣池**：利用動物糞便和農業廢棄物產生沼氣，供家庭照明和烹飪。

2. **工業和商業**
   - **生物質發電廠**：利用農業和林業廢棄物作為燃料，透過直接燃燒或氣化技術發電。
   - **生物燃料生產**：工業化生產生物柴油和生物乙醇，用於交通運輸和發電。
3. **城市和社區**
   - **廢物轉化**：利用城市垃圾和有機廢棄物生產沼氣或生物燃料，實現資源循環利用。

發展趨勢

1. **技術創新**

   不斷改進生物質轉化技術是推動可再生能源發展的重要方向。透過技術創新，生物質轉化效率得以明顯提高，能更有效地將農業廢棄物、森林殘渣和有機垃圾等生物質材料轉化為可用的能源形式，如生物燃料、沼氣或生物電力。這些技術的進步不僅提升了生物質能源的經濟性，還減少了生物質轉化過程中的能量損失和環境影響，促進了更清潔和永續的能源使用。同時，改善轉化流程，降低生產成本，能為大規模商業應用創造條件，加速能源轉型過程。

2. **政策支持**

   各國政府為了推動生物能的發展，透過一系列政策手段來提供支持，其中包括補貼、稅收優惠和法規的制定。政府通常會針對生物能項目提供資金補貼，以鼓勵企業投資生物質能的生產和技術開發，減少初期建設成本。許多國家還提供稅收優惠，針對從事生物質能生產的企業減免部分稅負，進一步促進這一產業的經濟效益。透過制定法規和目標，政府能夠創造出有利的市場環境，推動生物能產業健康有序地發展，從而促進能源結構的轉型，並減少對化石燃料的依賴。

3. **國際合作**

   加強國際間的技術交流和合作是推動全球生物能市場發展的重要途徑。各國可以透過共享技術創新、最佳實踐以及研究成果，促進生物質能技術的提升和應用效率的提高。國際合作還可以幫助各國克服技術障礙，減少開發成本，加速技術轉移和應用。跨國企業、研究機構和政府之間的聯合行動能夠促進全球生物能市場的穩定增長，推動可再生能源的普遍性，同時應對氣候變化和能源安全問題。

生物能作為一種清潔、可再生和多功能的能源，在實現碳中和、改善環境和促進永續發展方面具有重要意義。隨著技術的不斷進步和政策支持的加強，生物能在未來的能源結構中將發揮更大的作用。

> **補充｜前瞻能源概述**
>
> 前瞻能源指的是那些具有巨大潛力並可能在未來得到大規模應用的新興能源技術。這些能源技術不僅在環保和永續性方面具有明顯優勢，還有望逐步取代傳統化石燃料，推動全球向低碳經濟轉型。前瞻能源包括氫能、核融合能、海洋能、空間太陽能、地熱能等，這些技術的發展將為實現全球碳中和目標提供強而有力的支持。以下是一些關鍵前瞻能源技術的簡要介紹：
>
> 1. 氫能（Hydrogen Energy）
>   ① 概述：氫能是一種清潔能源，燃燒後僅產生水，無二氧化碳排放。
>   ② 製氫方法：
>   - 灰氫：使用化石燃料製氫，成本低但產生二氧化碳。
>   - 藍氫：同樣使用化石燃料，但結合碳捕捉與封存技術（CCS）以減少排放。
>   - 綠氫：經由可再生能源（太陽光電／風力發電）、電解水製氫，實現零碳排放。
>
>   ③ 應用前景：氫能在交通、工業和儲能領域具有廣泛應用前景。
>
> 2. 核融合能（Nuclear Fusion Energy）
>   ① 概述：核融合能透過將輕原子核在高溫高壓下結合，釋放出巨大能量，無長壽命的放射性廢物。
>   ② 技術挑戰：需要極高的溫度和壓力，目前技術仍在研發中，如國際熱核聚變實驗堆（ITER）。
>   ③ 未來潛力：如果商業化，核融合能將提供無限的清潔能源，解決能源需求問題。
>
> 3. 海洋能（Marine Energy）
>   ① 概述：海洋能包括潮汐能、波浪能、海流能和海水溫差能，利用海洋的能量發電。
>   ② 技術形式：潮汐能：利用潮汐漲落發電。
>   - 波浪能：利用海浪起伏運動發電。
>   - 海流能：利用海洋洋流發電。
>   - 海水溫差能：利用海洋表層與深層的溫度差發電。

③ 發展潛力：海洋能適合沿海和島嶼國家，但商業化仍需克服技術和成本挑戰。

4. 空間太陽能（Space-Based Solar Power, SBSP）

① 概述：在太空中部署太陽能發電站，將電能透過微波或雷射傳輸回地球。

② 優勢：不受地球天氣和晝夜交替影響，能 24 小時持續提供能源。

③ 挑戰：面臨高昂的發射和維護成本、能量傳輸效率等問題，但潛力巨大。

5. 地熱能（Geothermal Energy）

① 概述：地熱能利用地球內部的熱能發電或供暖。

② 應用方式：

- 發電：透過地熱井將高溫蒸汽引出發電。
- 供暖：利用地熱資源為建築物供暖。

③ 前景：地熱能穩定且永續，適合火山活動頻繁的地區。

▲ 冰島北部克拉夫拉的地熱發電站

圖片改作來源：https://zh.wikipedia.org/zh-tw/%E5%9C%B0%E7%86%B1%E8%83%BD#/media/File:Krafla_geothermal_power_station_wiki.jpg

6. 高效儲能技術

   ① 概述：儲能技術是解決可再生能源不穩定性問題的關鍵。

   ② 主要形式：
   - 鋰電池儲能：應用於電動車和電網儲能。
   - 固態電池：具有更高能量密度和壽命。
   - 氫能儲能：將多餘電能用於電解水製氫。

   ③ 未來發展：儲能技術的進步將提高可再生能源利用率，推動去碳化過程。

7. 生物能源（Bioenergy）

   ① 概述：生物能源利用生物質轉化為能量，包含生物燃料和生物質發電。

   ② 轉化方式：
   - 直接燃燒：燃燒生物質發電或供應暖能。
   - 厭氧發酵：透過微生物分解有機物生成沼氣。
   - 氣化：將生物質轉化為可燃氣體。

   ③ 環保與永續性：減少溫室氣體排放，但需長時間關心其永續性。

8. 智慧能源系統

   ① 概述：智慧能源系統透過 ICT 與能源系統融合，實現能源管理和最佳化。

   ② 功能特點：
   - 實時監控：透過傳感器和數據分析，監控能源系統。
   - 改善調度：利用 AI 和大數據最佳化能源供需平衡。
   - 用戶參與：用戶可透過智能設備調整用能行為。

   ③ 未來發展：智慧能源系統將提高能源利用效率，達成碳中和目標。

總結

前瞻能源技術代表了未來能源發展的方向，它們在推動全球向低碳經濟轉型的過程中將發揮關鍵作用。隨著技術的進步和應用的廣泛推廣，這些創新能源技術將在未來的能源結構中占據舉足輕重的地位，為全球永續發展目標的實現提供堅實的支持。

廢棄物管理和回收：減少廢棄物、再利用和回收。經由有效的廢棄物管理和回收技術，可以減少廢棄物產生和處理過程中的碳排放，例如：透過有機廢棄物的堆肥技術實現碳中和。

3-2 碳捕捉與封存技術

💡 碳捕捉技術介紹

在現代工業中，隨著對環境保護意識的不斷提高，科學家們致力於開發多種技術來捕捉和減少二氧化碳的排放。其中，化學吸收、物理吸附和膜分離技術已成為對抗碳排放的重要工具。

1. **化學吸收法**

   化學吸收法是指一種透過化學反應來分離二氧化碳的技術。當工業排放的氣體流經吸收塔時，含有胺類化合物的溶液會與二氧化碳發生反應，生成可穩定儲存或處理的化合物。這一過程如同為二氧化碳設置了一個專屬的捕捉器，能有效減少二氧化碳進入大氣。

2. **物理吸附法**

   物理吸附法則採用特殊的材料來達到吸附二氧化碳的目的。這些材料通常擁有大量微小的孔洞，二氧化碳分子被這些孔洞吸引並固定住。這一技術具有可重複使用的優勢，因為當材料吸附飽和後，透過簡單的加熱或減壓就可以將二氧化碳釋放出來，從而恢復材料的吸附能力。

3. **膜分離技術**

   另一種高效的技術是指膜分離技術，這是一種基於選擇性膜來過濾和分離二氧化碳的技術。這些膜就像一層篩網，只允許二氧化碳分子通過，將其與其他氣體分開。這種方法具有高效、能耗低的特點，是現代工業中非常具有潛力的碳捕捉技術之一。

這些技術在減少工業排放的二氧化碳方面發揮了重要作用，有效降低了溫室氣體對地球環境的影響，為未來的碳中和目標提供了技術支持。

💡 碳封存技術和實踐

在捕捉二氧化碳之後，主要問題在於如何有效地將這些氣體長期封存，防止其重新進入大氣並加劇氣候變化。為此，科學家們開發了多種封存技術，包括地質封存、海洋封存和礦物封存，這些方法能夠將二氧化碳穩定地儲存在自然環境中。

1. **地質封存技術**

    地質封存技術是目前最常見的封存方式之一。這種技術透過將捕捉到的二氧化碳注入地下深處的岩層中，這些岩層通常位於幾公里深的地底，具有良好的封閉性，能夠長期安全地儲存二氧化碳。這一過程如同將二氧化碳鎖在一個巨大的天然儲藏室中，使其無法輕易逃逸回到大氣中。

2. **海洋封存技術**

    海洋封存技術則利用了海洋的巨大容量。該技術將二氧化碳溶解在深海水域中，經由海水的自然流動和擴散，這些二氧化碳會在海洋深處長期穩定存在。這一方法依賴於海洋的自我調節能力，但同時也需要謹慎管理，以避免對海洋生態系統造成潛在的影響。

3. **礦物封存**

    礦物封存是另一種具有廣闊前景的技術。這一方法利用二氧化碳與特定的礦物發生化學反應，生成穩定且不溶於水的碳酸鹽礦物，這些礦物可以長期存在於地殼中，幾乎不會再釋放出二氧化碳。這個過程類似於自然界中岩石風化的過程，只是速度更快、更可控。

這些封存技術為應對全球碳排放挑戰提供了多樣化的解決方案，透過將二氧化碳長期儲存在地質層、海洋或礦物中，這些技術有效地減少了大氣中的二氧化碳濃度，為實現碳中和目標奠定了基礎。

💡 地質封存

地質封存（Geological Sequestration）是指將二氧化碳（CO_2）捕捉後，永久儲存在地下地質構造中，以減少大氣中的溫室氣體含量，從而減緩全球暖化的一種技術。這一技術被認為是減少工業和能源部門二氧化碳排放的重要途徑之一。

地質封存的主要步驟

1. **二氧化碳捕捉**
   - **預燃燒捕捉**：在燃燒燃料之前，透過氣化或重整技術將燃料中的碳元素轉化為二氧化碳和氫氣，然後分離出二氧化碳。
   - **燃燒後捕捉**：從燃燒過程產生的煙氣中捕捉二氧化碳，通常使用化學吸收劑，如胺類溶液。
   - **氧燃燒捕捉**：燃燒過程中使用純氧代替空氣，使排放的煙氣主要由二氧化碳和水蒸氣組成，二氧化碳更易分離。

2. **二氧化碳運輸**
   - 透過管道、船舶或卡車將捕捉到的二氧化碳從捕捉點運輸到封存地點。管道是最常見和經濟的運輸方式，特別適合大規模、長距離運輸。

3. **二氧化碳封存**
   - **鹽水層封存**：將二氧化碳注入深層含鹽水的地下水層，這些水層通常位於地下 800 公尺以下，具有良好的封存能力。
   - **枯竭油氣田封存**：將二氧化碳注入已開採完的油氣田，這些地質構造已經證明具有良好的封閉性。
   - **煤層封存**：將二氧化碳注入未開採的深層煤層，二氧化碳能與煤層中的甲烷發生置換反應，甲烷可被回收利用。

地質封存的優點

1. **減少溫室氣體排放**

   地質封存技術是一種將二氧化碳永久性封存在地下深處岩層中的方法，能有效減少工業和能源部門的二氧化碳排放。這一過程將捕獲的二氧化碳注入到深部地層中，避免其進入大氣層，從而減少溫室氣體的累積。地質封存對於重工業、燃煤電廠等高排放部門特別有效，能明顯減緩氣候變化的速度，同時為實現全球碳中和目標提供重大支持。這項技術正在被各國政府和企業積極發展。

2. **技術成熟**

   地質封存技術已在一些國際的試驗項目中成功驗證，證明了其可行性。這些試驗項目包括捕獲二氧化碳並將其注入深層岩層中進行長期儲存，技術測試結果顯示二氧化碳可以安全、穩定地封存在地下，並且不會對環境和人類健康造成

影響。隨著技術的進步和更多成功案例的出現，地質封存技術正逐漸被認為是減少碳排放、應對氣候變化的有效手段之一。

3. **利用現有基礎設施**

   地質封存技術可以充分利用現有的油氣田和輸油管道等基礎設施，從而有效降低新建設施的成本。這些現有基礎設施原本就具備處理和輸送碳氫化合物的能力，因此經過適當改造後，可以被用來捕捉、運輸和封存二氧化碳，進一步推動技術的經濟可行性。這種方式不僅減少了建設新基礎設施的高昂費用，還縮短了項目實施的時間，並且有助於提升現有油氣田的經濟效益和壽命。

地質封存的挑戰

1. **經濟成本**

   二氧化碳捕捉、運輸和封存（CCS）的全部過程在技術初期階段需要大量的資金投入。這些資金主要用於建設必要的設施、購買專業設備以及開發和實施相關技術。具體來説，二氧化碳捕捉技術涉及從工業排放中分離和捕捉二氧化碳，這需要安裝專用的捕捉裝置。捕捉後的二氧化碳則需透過專用的管道或其他運輸方式送至封存地點，通常這些地點位於地下深層的適合岩層中。

   封存二氧化碳不僅需要高度專業的技術，還要確保長期的地質穩定性，以防二氧化碳重新釋放至大氣中，這一過程同樣需要大量的資金來進行地質評估和長期監控。儘管初期成本高，但隨著技術的成熟和規模化應用，成本有望逐漸降低。政府補貼、稅收優惠以及國際合作等政策措施可以有效減輕這些技術的實施成本，推動 CCS 技術的廣泛應用，對減少全球碳排放具有重要意義。

2. **地質風險**

   封存地點的選擇對於二氧化碳捕捉和封存（CCS）技術的成功最為重要，必須非常謹慎，以保證地質構造的穩定性，避免二氧化碳泄漏。適合的封存地點通常包括已耗竭的油氣田、深層鹽水層或特定類型的岩層，這些地點能夠自然地封存氣體並長期保持密封性。在選擇過程中，必須進行詳細的地質調查，評估地層的物理和化學特性，確保其具備足夠的容量和封閉性。此外，還需考慮地質活動（如地震）和其他環境風險，以預防未來可能引發的二氧化碳泄漏。這種嚴格的地點選擇和評估過程不僅提高了 CCS 項目的安全性和效率，還是獲得公眾和監管機構信任的重要因素，確保二氧化碳長期安全地封存於地下，從而有效減少大氣中的溫室氣體濃度。

3. **長期監測**

    對封存地點進行長期監測是確保二氧化碳安全封存的關鍵措施，旨在防止泄漏並避免對環境造成影響。這項監測工作包括持續跟蹤地下二氧化碳的行為，透過使用地質監測技術、壓力傳感器、地震監控和遙感技術等手段來檢測和評估封存地點的穩定性和封閉性。這樣的長期監測能夠及時發現任何潛在的問題或異常情況，並在必要時採取補救措施，確保二氧化碳安全地留存在地下，避免其重新進入大氣層並引發環境風險。這種嚴格的監測制度是維護封存項目完整性、保障環境安全以及增強公眾和監管機構信心的重要環節。

4. **公眾接受度**

    地質封存技術的成功應用需要得到大眾的理解與接受，以避免因安全和環境擔憂而引發反對。由於封存涉及將大量二氧化碳注入地下，公眾可能擔心潛在的泄漏風險和環境影響。因此，相關機構和企業需要開展透明的溝通，向公眾清晰解釋地質封存技術的安全性、運行機制以及長期監測措施，並提供成功案例和科學資料來支持這些說明。同時，應重視公眾的擔憂，並邀請其參與環境影響評估和決策過程，這有助於增強信任度和技術接受度。透過這樣的開放交流與合作，可以減少誤解和恐懼，促進地質封存技術的順利實施，從而更有效地應對氣候變化挑戰。

發展趨勢

1. **技術改進**

    隨著技術的不斷進步，二氧化碳捕捉和封存技術的成本將逐步降低，效率將不斷提高。隨著研究和開發的深入，新材料和創新技術的應用有望減少捕捉過程中的能耗，提高二氧化碳分離的效率。規模經濟效應的發揮和實施經驗的積累也將進一步降低技術成本，使得這一技術在商業上更加可行。同時，隨著技術成熟，封存過程中的監測和管理技術也將變得更加精確和可靠，從而增強整體系統的安全性，推動二氧化碳捕捉和封存技術在全球範圍內的應用。

2. **政策支持**

    各國政府可能會出台更多的政策和法規，以鼓勵和支持地質封存技術的發展和應用。這些政策措施可能包括提供資金補貼、稅收優惠和研發支持，以減輕企業和科研機構的初期成本壓力。同時，政府可能會制定專門的法規和標準，確保地質封存技術的安全性和環境友善性，並建立有效的監督和合規機制，以促進技術的廣泛應用。政府還可能推動國際合作，分享技術經驗和最佳實踐，加

速地質封存技術的全球推廣。這些政策和法規的出臺將有助於地質封存技術的普遍性，並對全球減排目標的實現有積極的推動作用。

3. **國際合作**

   全球各國需要加強合作，共享技術和經驗，以共同推動地質封存技術的發展及應用。這種合作有助於將不同國家的成功經驗和技術創新加以整合，從而提高地質封存技術的效率和安全性。透過國際合作，各國可以更快地克服技術挑戰，降低研發和實施成本，同時制定統一的標準和規範，確保全球範圍內技術應用的一致性。而且合作還可以促進資源的有效配置，推動政策協調，從而加速地質封存技術在全球的普遍性，為應對氣候變化做出更大貢獻。

4. **碳信用交易**

   地質封存技術有可能成為碳信用交易市場的一部分，透過經濟激勵促進二氧化碳的減排。當企業或組織透過地質封存技術成功捕捉並安全封存二氧化碳時，這些減排行為可以轉化為碳信用，並在碳交易市場上進行交易。這不僅為企業提供了一種經濟回報的機制，鼓勵更多的減排行動，還能促進碳市場的活躍和擴展。透過將地質封存納入碳信用交易體系，全球減排目標有望更快實現，同時也為技術開發和應用提供了額外的經濟動力。

地質封存作為應對氣候變化的一種重要技術，具有減少二氧化碳排放的巨大潛力。隨著技術的不斷進步和政策的支持，地質封存有望在未來得到廣泛應用，為實現全球氣候目標做出重要貢獻。

💡 海洋封存

海洋封存（Ocean Sequestration）是指將二氧化碳（CO_2）直接注入海洋的深層水域，利用海洋的物理和化學特性來永久封存這些溫室氣體。這是一種潛在的二氧化碳減排技術，旨在減少大氣中的二氧化碳濃度，從而緩解全球暖化和氣候變化的影響。

海洋封存的方式

1. **直接注入**
   - 深海注入：將液態二氧化碳經由管道注入海洋深處（通常在 1000 公尺以下），利用海水的高壓和低溫環境使二氧化碳保持液態，並最終溶解於海水中或形成固態水合物。

- **海底沉積**：將二氧化碳注入海底沉積物中，使其被海底沉積物吸收和固定。

2. 生物封存
   - **鐵肥化**：向海洋中添加微量的鐵等營養物質，促進浮游植物的生長，這些植物透過光合作用吸收二氧化碳，死後沉降到海底，實現碳封存。

海洋封存的優點

1. **巨大的封存容量**

   海洋覆蓋了地球表面的 70%，擁有巨大的容量，是潛在的二氧化碳封存地點。海洋透過自然過程，如吸收大氣中的二氧化碳並將其轉化為碳酸鹽，已在全球碳循環中扮演了重要角色。科學家們正在研究如何利用海洋的這一巨大容量來封存更多的二氧化碳，以應對氣候變化的挑戰。然而，將二氧化碳直接注入海洋或在海底封存需要謹慎對待，以避免對海洋生態系統造成負面影響。因此，這些技術需經過深入的科學研究和環境影響評估，以確保其可行性。若能成功實現，海洋封存可能成為減少大氣中二氧化碳濃度的重要途徑之一，並對全球氣候變化的緩解產生積極作用。

2. **潛在的長期封存**

   深海環境的高壓和低溫為二氧化碳的長期封存提供了有利條件，這些環境特性有助於減少二氧化碳重新釋放到大氣中的風險。在深海中，高壓能夠穩定封存的二氧化碳，使其以液態或固態形式存在，而低溫則進一步降低了二氧化碳分子的運動速度，從而減少了其逸散的可能性。這些自然條件使得深海成為潛在可靠的二氧化碳封存地點，能夠在長期內有效隔絕二氧化碳，為減緩氣候變化提供一種可行的解決方案。然而，在實施之前，仍需進行全面的科學研究和環境評估，以確保對海洋生態系統不會產生負面影響。

3. **相對較低的地面影響**

   相較於陸地上的地質封存，海洋封存對地表和土地利用的影響較小。陸地上的地質封存通常需要選擇適當的地下岩層，這可能會涉及大量的土地使用和改變，甚至影響地表生態系統和土地利用模式。對比之下，海洋封存利用深海的巨大空間和自然條件，不會直接佔用或改變陸地資源，從而對地表環境和人類活動的干擾較小。這使得海洋封存成為一個在降低地表環境影響的同時，有效封存二氧化碳的潛在選擇。然而，儘管海洋封存在土地利用方面具有優勢，仍需進行嚴格的環境影響評估，以確保其對海洋生態系統的影響在可控制範圍內。

海洋封存的挑戰

1. **環境影響**
   - **海洋酸化**：二氧化碳溶解於海水後會形成碳酸，降低海水的 pH 值，導致海洋酸化，影響海洋生態系統和生物多樣性。
   - **生態風險**：二氧化碳直接注入深海可能會對當地的海洋生態系統造成潛在的負面影響，需要進行長期的環境監測和風險評估。

2. **技術和經濟挑戰**
   - **高成本**：海洋封存涉及複雜的技術和設備，尤其是在深海環境中的操作和維護，成本較高。
   - **技術不確定性**：海洋封存技術尚未完全成熟，需要進一步的研究和試驗來驗證其可行性。

3. **法律和政策問題**
   - **國際法規**：海洋封存涉及國際海洋法的規定，各國需協調制定相關的國際法規和標準，以確保海洋封存活動的合法性。
   - **公眾接受度**：需要提高公眾對海洋封存技術的理解和接受度，尤其是關於環境影響和風險管理的透明度。

發展趨勢

1. **技術創新**

   隨著科技的進步，新的技術和方法將不斷出現，以提高海洋封存的效率，並降低成本。這些創新可能包括更先進的二氧化碳捕捉技術、更有效的運輸方式，以及更穩定的封存技術，這些都將有助於最大限度地利用深海環境的有利條件。未來的研究可能會開發出能夠監測和評估封存過程的更精確工具，從而進一步提高封存的安全性。這些技術進步將使海洋封存變得更加可行和經濟，為全球應對氣候變化提供一種更強大和靈活的解決方案。

2. **環境監測**

   加強對海洋封存活動的環境監測和評估非常重要，以確保其對海洋生態系統的影響在可控制範圍內。這包括持續監測二氧化碳在深海中的行為，評估其對海洋生物和生態系統的潛在影響，並採取必要的應對措施來減少任何負面影響。透過使用先進的技術和工具，如遠程感測、海洋觀測設備和生態模型，科學家

和監管機構可以即時了解封存過程的動態,及早發現潛在的風險。這種嚴格的監控和評估不僅有助於確保海洋封存的安全性,還能增強公眾對這一技術的信任,推動其更廣泛的應用。

3. **國際合作**

   海洋封存的成功實施需要全球範圍內的合作與協調,包括技術分享、資金支持和政策制定等。由於海洋封存涉及跨國界的海洋環境,各國需要共同努力,分享先進技術和最佳實例,以提高封存效率和安全性。同時,發展中國家可能需要國際社會的資金支持,以克服技術和資源上的不足,從而參與全球減排行動。在政策層面,各國政府需協調制定統一的規範和標準,確保海洋封存活動的安全性和環境永續性。這種全球合作不僅能促進海洋封存技術的發展和應用,還能確保其實施符合全球減排目標,為應對氣候變化做出更大貢獻。

4. **綜合應對策略**

   海洋封存應作為綜合應對氣候變化的一部分,與其他減排技術和自然碳匯(如森林和土壤碳封存)相結合,以實現全方位的二氧化碳減排目標。透過結合海洋封存與陸地上的碳封存策略,如保護和恢復森林、提升土壤有機碳含量,可以大幅提高整體碳減排效果。同時,這種多元化的減排方式能夠增加應對氣候變化的靈活性和韌性,確保在不同環境和條件下均能有效減少二氧化碳排放。將海洋封存融入綜合減排計劃,與其他技術和自然碳匯共同作用,是達成全球氣候目標的重要途徑。

海洋封存作為應對氣候變化的一種潛在技術,具有減少大氣二氧化碳濃度的巨大潛力。然而,這一技術仍處於研究和試驗階段,需要進一步的技術改進、環境評估和政策的支持。

💡 礦物封存

礦物封存(Mineral Sequestration)又稱「礦化碳封存」,是指將二氧化碳(CO_2)透過化學反應轉化為穩定的碳酸鹽礦物,以實現長期封存的一種技術。這一過程利用自然界中常見的含鈣、鎂和鐵的礦物,如橄欖石和蛇紋石,與二氧化碳發生反應,生成穩定的碳酸鹽。

礦物封存的原理

礦物封存基於自然界的風化過程，經由人工加速這一過程，使二氧化碳與礦物中的金屬氧化物反應生成穩定的碳酸鹽。典型反應如下：

- $2Mg_2SiO_4 + 2CO_2 \rightarrow 2MgCO_3 + SiO_2$
- $2CaSiO_3 + CO_2 \rightarrow CaCO_3 + SiO_2$

這些反應將二氧化碳轉化為碳酸鎂（$MgCO_3$）或碳酸鈣（$CaCO_3$），這些碳酸鹽在地質條件下極為穩定，不易分解，從而實現二氧化碳的長期封存。

礦物封存的優點

1. **永久封存**

   生成的碳酸鹽礦物非常穩定，能夠永久封存二氧化碳，並防止其重新釋放到大氣中。這種穩定性使得礦物封存成為一種長期碳減排技術。透過將二氧化碳與適當的礦物反應形成碳酸鹽，該技術可以有效地將大氣中的二氧化碳永久地固化在地質結構中，從而減少大氣中的溫室氣體濃度，為應對氣候變化提供了一種永續的解決方案。

2. **安全可靠**

   礦物封存不涉及高壓環境和深層注入，這大大降低了地質風險和泄漏風險。相比於其他碳封存技術，礦物封存將二氧化碳轉化為穩定的碳酸鹽礦物，避免了高壓注入地下岩層可能帶來的地質不穩定性和潛在的二氧化碳泄漏問題。這種方法不僅提高了封存過程的安全性，還透過生成極為穩定的碳酸鹽，實現了二氧化碳的永久封存，進一步確保其不會重新釋放到大氣中，從而提供了一種可靠且低風險的碳減排解決方案。

3. **資源豐富**

   地球上含鈣、鎂的礦物資源非常豐富，可供長期利用，能夠滿足大規模二氧化碳封存的需求。這些礦物，如橄欖石和蛇紋石，能與二氧化碳反應生成穩定的碳酸鹽，實現永久性封存。由於這些礦物在全球各地廣泛分布，礦物封存技術具備了永續擴展的潛力，能夠在不影響其他自然資源的前提下，支持大規模的碳減排努力。這使礦物封存成為一種具有長期可行性的解決方案，有助於實現全球碳中和目標。

礦物封存的挑戰

1. **反應速度慢**

    在自然條件下，礦物與二氧化碳的反應速度非常慢，因此需要採用技術手段來加速這一過程。這些技術手段包括提高溫度和壓力，以增加反應速率，使二氧化碳更快地與礦物結合形成穩定的碳酸鹽。此外，使用催化劑也能有效促進反應進行，減少反應所需的時間和能量投入。這些技術方法能夠明顯提升礦物碳化的效率，使其成為一種更為可行的二氧化碳封存技術，從而有助於應對氣候變化挑戰。

2. **高成本**

    礦物封存涉及礦石開採、粉碎以及反應條件控制等多個步驟，這使得其成本較高，因為需要大量能量和資源來處理礦石，以確保二氧化碳能夠有效與礦物反應形成穩定的碳酸鹽。由於自然條件下礦物與二氧化碳的反應速度非常慢，通常需要採用技術手段來加速反應，如提高溫度、壓力或使用催化劑。為了使礦物封存成為更具經濟可行性的減排技術，必須依賴技術進步和規模經濟來降低成本。技術進步可以包括開發更高效的反應促進方法，降低能量需求，而隨著技術的規模化應用，成本將進一步下降，使礦物封存成為應對氣候變化的可行選擇。

3. **能量需求大**

    加速礦物封存反應過程需要大量能量，因此如何實現能源的高效利用和可再生能源的使用是技術發展的關鍵。有效的能源管理可以透過改善反應條件和工藝流程來減少能耗，從而提高整體效率。此外，積極引入可再生能源，如太陽能、風能或地熱能來驅動反應過程，不僅能減少對化石燃料的依賴，還能降低二氧化碳封存技術本身的碳足跡。這種結合可再生能源和高效能量管理的策略將有助於提升礦物封存技術的經濟性和環境永續性，使其成為一種更加可行的碳減排解決方案。

礦物封存的應用前景

1. **工業應用**

    礦物封存技術可應用於大型工業排放源，如電廠、水泥廠和鋼鐵廠，捕捉並封存這些設施排放的二氧化碳。這些工業設施是主要的二氧化碳排放源，透過礦物封存技術，可以將排放的二氧化碳與含鈣、鎂的礦物反應，轉化為穩定的碳

酸鹽，實現永久封存。這種應用不僅能有效減少工業部門的碳足跡，還有助於大規模推動碳減排目標的實現，為應對氣候變化提供了一種解決方案。隨著技術的進步和規模化應用，礦物封存技術有望在全球範圍內廣泛推廣，成為工業領域重要的減排手段。

2. **礦山廢棄物利用**

利用礦山開採產生的廢石進行礦物封存，既能減少廢棄物堆積，又能有效封存二氧化碳，實現資源的綜合利用。這種方法將開採過程中的廢石資源化，透過與二氧化碳反應生成穩定的碳酸鹽，達到減排的目的。這種應用可以減少廢石的環境影響，降低廢棄物處理的成本，並最大限度地利用已有的礦產資源。這一策略不僅在經濟上具備吸引力，還有助於推動永續的礦業發展，為應對氣候變化提供了一種創新的技術途徑。

3. **環境修復**

將礦物封存技術應用於受污染土地的修復，透過改變土壤的化學性質，不僅可以封存二氧化碳，還能減少污染物的流動性，從而達到土地修復的目的。這一技術利用含鈣、鎂的礦物與二氧化碳反應生成穩定的碳酸鹽，這些碳酸鹽不僅能永久封存二氧化碳，還能與土壤中的重金屬和其他污染物結合，降低它們的溶解度和移動性，從而減少對周邊環境的影響。透過這種方式，礦物封存技術不僅提供了一種創新的減碳解決方案，還拓展了其在環境修復領域的應用範圍，實現了環境保護與減排目標的雙重效益。

發展趨勢

1. **技術創新**

加速礦物與二氧化碳反應的技術，如超臨界二氧化碳、奈米技術和催化劑的應用，有望顯著提高反應速度和效率。超臨界二氧化碳具有液體和氣體的雙重特性，能更有效地滲透到礦物結構中，促進二氧化碳的吸收和反應。奈米技術則透過增加礦物表面積，使二氧化碳與礦物的接觸面積大幅增大，進而加快反應速度。催化劑的應用則可以降低反應所需的活化能，進一步提升反應效率。這些技術的結合使用將使礦物封存過程更加高效，為實現大規模二氧化碳封存提供更加可行的技術解決方案。

2. **成本降低**

   透過技術進步和規模經濟效應,可以有效降低礦物封存的整體成本,使其成為經濟可行的碳減排技術。技術進步,如超臨界二氧化碳、奈米技術和催化劑的應用,能明顯提高反應速度和效率,減少能量消耗和資源投入。此外,隨著礦物封存技術的廣泛應用,規模經濟效應將逐漸顯現,進一步分攤固定成本並改善運營流程,從而降低每單位二氧化碳封存的成本。這些發展將使礦物封存技術在經濟上更具競爭力,推動其成為大規模應用的減排解決方案,助力全球應對氣候變化的努力。

3. **政策支持**

   政府的激勵政策、碳稅和碳交易制度將在推動礦物封存技術的研發和應用方面發揮重要作用。激勵政策,如研發補助和稅收優惠,可以減輕企業和科研機構在技術開發和初期應用階段的財務壓力,促進創新和技術突破。碳稅透過增加碳排放的成本,激勵企業尋找更具成本效益的減排技術,而礦物封存技術作為一種可靠的碳減排解決方案,將因此受益。碳交易制度則為企業提供了一個經濟動力,透過交易碳信用來補償碳排放,進一步推動礦物封存技術的廣泛應用。這些政策措施的結合將促進礦物封存技術在市場上的快速發展,助力實現碳減排目標。

4. **跨學科合作**

   加強地質學、化學、材料科學和工程學的跨學科合作,對推動礦物封存技術的綜合研究和應用最為重要。地質學提供了對適合封存二氧化碳的礦物和地質結構的理解,化學深入探討了二氧化碳與礦物反應的原理,材料科學研發高效催化劑和新型材料以加速反應,工程學則負責將這些理論和技術轉化為可行的工業應用。透過這些學科間的協同合作,可以更全面地解決礦物封存技術面臨的挑戰,促進技術進步和工業應用,從而開發出更高效、經濟且安全的碳封存解決方案,推動全球碳減排目標的實現。

礦物封存作為一種潛在的長期和永久性二氧化碳封存技術,具有重要的應用前景。隨著技術的不斷進步和政策支持的加強,礦物封存有望在未來成為應對氣候變化的重要工具。

3-3 碳抵消和碳信用

碳抵消的概念和實施

碳抵消是一種旨在平衡自身碳排放的策略，經由對外部減排項目的投資來達到這一目標。當企業或個人無法完全消除自身的碳排放時，碳抵消成為了一種有效的補救措施。這一概念的核心在於，透過支持那些能夠減少或吸收二氧化碳的項目，來抵消自身產生的碳足跡。

碳抵銷的方式

1. **植樹造林**

    植樹造林是一種常見的碳抵消方式。其在退化或荒廢的土地上種植樹木，這些植物在生長過程中會吸收大氣中的二氧化碳，並將其儲存在樹幹、樹葉和土壤中。這樣，企業或個人的碳排放可以讓這些新增的碳匯來中和，從而達到碳中和的效果。

2. **可再生能源**

    另一種碳抵消的方式是投資可再生能源項目。這些項目例如：風能、太陽能、水力發電等，透過替代傳統的化石燃料發電來減少二氧化碳排放。當企業或個人資助這些項目時，他們實際上是在間接減少全球的碳排放。這些可再生能源項目不僅有助於減少溫室氣體的排放，還推動了清潔能源的發展。

經由這些方式，碳抵消成為了達成碳中和的重要工具之一。它不僅為無法立即實現零排放的實體提供了過渡性的解決方案，也促進了全球範圍內減排項目的發展，最終有助於減緩氣候變化的步伐。

碳信用市場和交易機制

碳信用是指可交易的減排單位，它在全球碳市場中扮演著重要角色，幫助企業達成他們的減排目標。碳信用的基本概念是指當一家公司成功減少了其二氧化碳排放

量，超出了法定或自願的減排要求，它可以將這些超過的減排量轉化為碳信用，並在碳市場上出售給其他需要的企業。

例如某家公司可能因為投資了高效能設備或可再生能源項目，減少了其碳排放量。這家公司可以將多餘的減排量轉化為碳信用，並在碳交易所這樣的平台上進行交易。需要達成減排目標但尚未完成的企業則可以購買這些碳信用來抵消其超標的碳排放。這種機制使得碳排放的管理變得更加靈活和市場化，企業可以根據自身的情況選擇最經濟的方式來達成減排目標。

碳交易所提供了這樣一個平台，讓企業能夠交易碳信用證書。在這個平台上，碳信用的價格由市場需求和供應決定，這促使企業在進行排放管理時考慮成本效益。對於減排能力較強的企業，碳市場也為它們提供了額外的收入來源，而對於那些難以立即降低排放的企業，購買碳信用則是一種實現合規性的重要手段。

經由碳市場的運作，碳信用制度促進了全球減排目標的實現，並推動了各種減排技術的應用。最終，這一市場化的管理工具有助於全球應對氣候變化挑戰，推動社會向低碳經濟轉型。

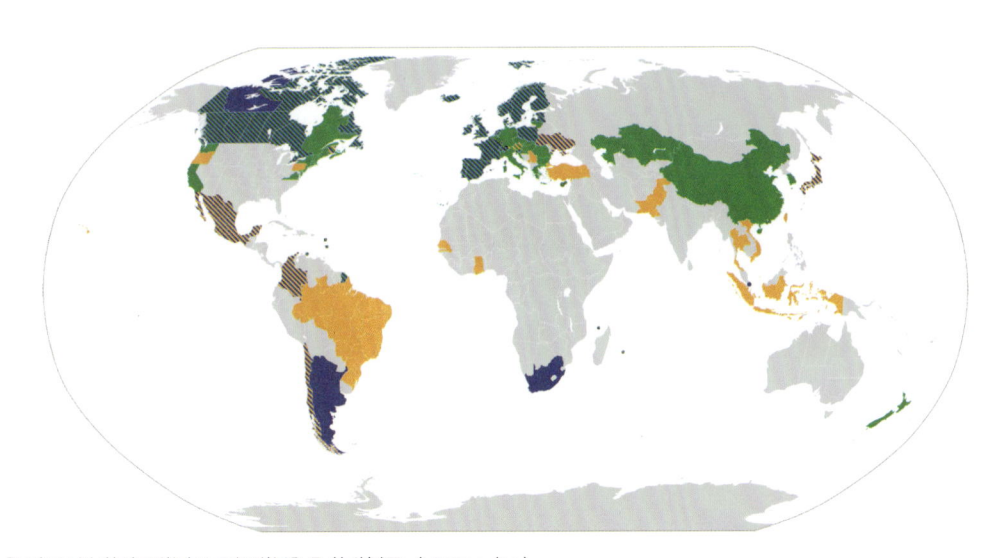

▲ 全球各地施行碳交易與碳稅分佈狀況（2021 年）
■ 已經或預定將實施碳交易　　■ 已經或預定將徵收碳稅　　■ 考慮施行碳交易或碳稅

由 World Bank Staff and contributors - World Bank Group. 2021. State and Trends of Carbon Pricing 2021. Washington, DC: World Bank. © World Bank. https://openknowledge.worldbank.org/handle/10986/35620 License: CC BY 3.0 IGO., CC BY 3.0, https://commons.wikimedia.org/w/index.php?curid=79529864

CHAPTER 4

碳管理體系建立

4-1　碳管理政策與目標設定

設定科學的減排目標

企業應該根據自身的行業特徵和國際標準，設立科學合理的減排目標，確保其減排計劃具有實效性。具體而言，企業可以借助科學減碳目標（Science-Based Targets, SBTi）等國際公認的工具，來制定符合科學依據的減排路徑。SBTi 提供了一套嚴謹的方法，幫助企業確定其在氣候變遷背景下應承擔的減排責任，並將這些目標與全球氣候協定（如《巴黎協定》）保持一致。透過採用這些工具，企業能夠制定出既具前瞻性又可衡量的減排計劃，這不僅有助於實現碳淨零的長期目標，也能提升企業在全球市場中的聲譽和競爭力。這些科學的目標設定還能幫助企業在實施過程中進行持續改善，確保在動態變化的經濟和環境條件下，依然能夠達成預期的減排成果。

> **提示！**
>
> **科學減碳目標**（Science-Based Targets，簡稱 SBT）是由科學減碳目標倡議（Science Based Targets initiative, SBTi）推出的一個框架，旨在幫助企業設定符合最新氣候科學要求的減排目標。這些目標的設定是基於《巴黎協定》所確立的目標，即將全球氣溫升幅控制在工業化前水平以上 2°C 以內，並努力將升幅限制在 1.5°C 以內。

短期和長期目標的區分

企業應該根據自身的業務情況和資源能力，設定確定可實行的短期和長期減排目標，並制定詳細的實施計劃和明確的時間表，以確保這些目標能夠順利達成。在設定短期目標時，企業應考慮當前的碳排放標準和現有技術的可行性，確保短期目標具有現實性並能夠透過具體措施達成。長期目標則應與企業的戰略發展方向一致，並考慮到未來可能的技術創新和政策變化。

企業應該為每個階段設定明確的里程碑和檢查點，以便持續監控進展情況並進行必要的調整。具體的實施計劃應包含各項減排措施的細節，例如：能源效率提升

計劃、可再生能源採購策略以及廢棄物管理方案等。這些計劃應該有清晰的分工和責任劃分，保證相關部門和人員能夠有效配合，共同推動減排目標的實現。經由制定合理的時間表，企業可以循序漸進地達成既定目標，並在每個階段進行總結和反思，以便為下一階段的實施提供寶貴經驗。這種系統化的目標設定和計劃實施過程，將有助於企業在碳減排領域取得長期的成功。

4-2 碳管理組織架構與職責

建立碳管理團隊

企業應建立一個專門的碳管理團隊，專門負責制定和實施全面的碳管理政策和計劃，以保證企業能夠有效地達成其碳減排目標。這個團隊應該由不同領域的專業人才組成，每位成員都應該有明確的職責分工，以確保團隊運作的協同性。

例如碳管理專員應該負責整體碳排放的監測與報告，並確保企業的碳減排策略符合最新的國際標準和國內法規。他們還應該定期評估企業的碳足跡，並提出相應的改進建議。能源管理專員則應專注於提升企業的能源使用效率，並推動可再生能源的引入與使用。他們需要深入了解企業的能源結構，並制定具體的節能措施，以最大化能源使用效益。

除此之外，碳管理團隊中的每一位成員都應該有其特定的任務，例如：資料分析師負責收集和分析與碳排放相關的數據，從中發現潛在的改善空間；而政策顧問則負責跟進國內外的碳管理政策動向，保證企業能夠及時調整其策略以符合最新的規範。

經由建立這樣一個專業的碳管理團隊，企業可以更有條理地推進其碳減排計劃，確保每一個減排措施都能夠落實執行，同時有效地應對可能出現的挑戰和變化。這不僅有助於實現企業的環境目標，還能夠提升企業在市場中的永續競爭力。

各部門的職責和協作方式

碳管理是一項需要全公司共同參與的工作，因此各部門之間的協作尤為重要。企業應該透過內部教育訓練和工作坊的方式，促進跨部門間的合作，從而提升整體碳管理的效率和效果。

1. **內部教育訓練**

    內部培訓應該涵蓋碳管理的基本概念、政策要求以及具體的實施策略，確保所有部門的員工都能夠理解碳減排對企業的重要性，並熟悉其在日常工作中的應用。這不僅能夠提升員工的環保意識，還能促使他們主動參與到碳管理的工作中來。

2. **工作坊的方式**

    企業應定期舉辦跨部門的工作坊，為各部門的代表提供交流和合作的機會。在這些工作坊中，不同部門的員工可以分享各自的經驗和挑戰，並共同討論如何更有效地實施碳減排措施。例如：營運部門可以與能源管理部門合作，尋找提高設備能源效率的方法；而採購部門則可以與碳管理團隊合作，評估供應鏈的碳足跡並制定相應的減排策略。

透過這種跨部門的合作，企業可以更全面地識別和解決碳管理中的潛在問題，並將最佳實踐應用到各個環節。這種協作機制不僅能夠提高碳管理的整體效率，還能夠促進企業內部的團隊精神和共同目標的達成，有助於打造一個更加永續發展的企業文化。

4-3 碳管理計劃的制定與實施

行動計劃與措施

企業應制定一個詳細且具體的行動計劃，涵蓋減排措施和實施步驟，以保證其碳淨零目標的實現。首先，企業可以經由提升能源效率來減少不必要的能源消耗，這不僅能降低營運成本，還能有效減少碳排放。其次，企業應積極增加可再生能源的使用，例如：安裝太陽能板或購買綠電，以減少對傳統化石燃料的依賴。企業還應尋

求減少廢棄物的產生，推動循環經濟，這樣不僅有助於環保，也能提升企業形象和競爭力。透過這些具體的措施和策略，企業不僅能夠履行其社會責任，還能夠在碳淨零轉型的過程中取得長遠的經濟效益。

監測和報告進展

企業應該建立一個全面的碳排放監測系統，以精確追蹤和記錄其碳排放量。這個系統不僅能夠持續監測各項業務活動所產生的碳排放，還能夠在第一時間發現潛在問題，並即時進行調整。定期的監測和報告是關鍵，企業應將碳管理計劃的進展和成效進行透明化的披露，這不僅能夠確保內部的各項措施得以有效實施，還能夠向外部利益相關者展示企業在碳減排方面的承諾和責任感。透過這種系統化的監測和報告機制，企業能夠更加精確地評估其目標的達成情況，並在必要時調整策略，以確保最終碳淨零目標的順利實現。

4-4 碳管理體系中的風險評估與社會責任：氣候變遷調適與氣候難民應對策略

氣候難民（Climate Refugees），也稱為環境難民，是指因氣候變化引發的自然災害或環境惡化而被迫離開家園的人群。這些災害通常包括海平面上升、乾旱、洪水、颶風以及其他極端氣候案例。與傳統難民不同，氣候難民並非因戰爭或政治迫害而流離失所，因此目前的國際法對其保護還不夠完善。

由於氣候變化的加劇，全球氣候難民的數量不斷增加，這給國際社會帶來了新的挑戰。如何為氣候難民提供法律保護，制定有效的政策來應對他們的需求，成為了國際討論的重要議題。這些人群的處境反映了全球氣候變化對社會穩定和人類安全的深遠影響，強調了應對氣候變化和推動永續發展的緊迫性。

氣候難民的成因

1. **海平面上升**：全球暖化導致冰川和冰蓋融化，直接造成海平面上升，對許多低窪國家和沿海地區構成了嚴重威脅。像太平洋島國吐瓦魯和基里巴斯這樣的國家，其國土面積狹小且高度接近海平面，因此海平面上升對這些國家的居民生存造成了巨大壓力和風險。這些地區的土地可能逐漸被海水淹沒，導致居民失去家園、土地和生計。

   義大利威尼斯深受氣候變遷影響，漲潮時水位已達成人膝蓋高度，若海平面持續上升，當地生活將徹底改變。

   ▲ 圖片來源：Giacomo Cosua / Greenpeace

   據估計，未來幾十年內，數百萬生活在沿海地區的人口可能會因海平面上升而被迫遷移，成為所謂的「氣候難民」。這一現象不僅對受影響的居民造成生活困境，也對國際社會提出了應對氣候變化引發的移民潮和人道主義危機的挑戰。全球社會必須加強合作，制定政策來減輕這些影響，並保護受氣候變化影響的弱勢群體。

案例解析

吐瓦魯（Tuvalu），位於南太平洋的台灣友邦，正因全球暖化引發的海平面上升而面臨嚴峻的生存危機。這個國家僅有 26 平方公里的陸地面積，地勢極其平坦，最高處距離海平面僅四公尺。隨著海水不斷侵蝕其海岸線，吐瓦魯的土地面積逐年縮減，生存環境面臨極高風險。為了應對這一威脅，吐瓦魯重視海岸線保護工作，同時積極重視溫室效應和海平面上升的問題，力求在氣候變遷大潮中保留國家領土和文化。

▲ 資料來源：https://news.cts.com.tw/cts/international/202111/202111082061692.html

在聯合國氣候變遷大會上，吐瓦魯外長宣布成立全球首個「元宇宙國家」，將吐瓦魯的歷史、文化和傳統轉移至虛擬空間，以確保即便在最壞的情況下，國土完全被淹沒，吐瓦魯的國家身份、文化遺產及其主權象徵依然能夠在虛擬世界中得以延續。這一創新之舉標誌著小島嶼國家在氣候變遷威脅下的自救策略，展現了對未來的堅定承諾。

台灣亦積極承諾與吐瓦魯合作，幫助其保護國家地位，並支持其應對氣候變遷的挑戰。台灣的支援不僅體現了兩國的深厚友誼，也顯示出台灣在全球氣候行動中擔任負責任角色的意願。

這一前所未有的元宇宙國家概念，不僅是吐瓦魯應對生存危機的創新方案，更是對國際社會的警示。它提醒我們全球暖化帶來的威脅不僅是理論性的，更是直接且迫在眉睫的，尤其對小島嶼國家而言，這種威脅涉及生存的基本權利。元宇宙國家象徵著吐瓦魯在極端環境下對文化存續的決心，並敦促全球加速行動，採取有效措施應對氣候變遷，避免更多國家和地區面臨類似的生存危機。

2. **乾旱和沙漠化**：乾旱是氣候變化引發的另一個嚴重挑戰，特別是在非洲的撒哈拉以南地區。持續的乾旱嚴重影響了當地的農業和水資源供應，導致農作物歉收，水源極度匱乏，使得當地居民難以維持生計。這種氣候變化的後果對依賴農業生計的社區影響尤其巨大，迫使數百萬人離開家園，尋找更有生計保障的地區。

    例如，在非洲之角，乾旱已經導致成千上萬的人口流離失所，並進一步加劇了該地區的糧食安全危機和人道主義挑戰。這些地區的氣候變化和極端氣候的頻率和強度增加，給當地社會和經濟帶來了持續的壓力，也對全球社會如何應對氣候變化的影響提出了更高的要求。為了減少這些負面影響，國際社會必須加強對受乾旱影響地區的支持，並推動永續的氣候適應措施，幫助這些脆弱社區應對氣候變化的挑戰。

3. **極端天氣**：氣候變化加劇了極端氣候的頻率和強度，如颶風、洪水、熱浪等，這些災害不僅破壞了當地的基礎設施和家園，還導致大量人口流離失所。以美國為例，2005 年颶風「卡崔娜」襲擊了紐奧良，造成嚴重的破壞，數十萬居民被迫撤離，成為「氣候難民」。這場災難使得紐奧良大部分地區被洪水淹沒，數千人失去家園，城市的基礎設施幾乎全面癱瘓。

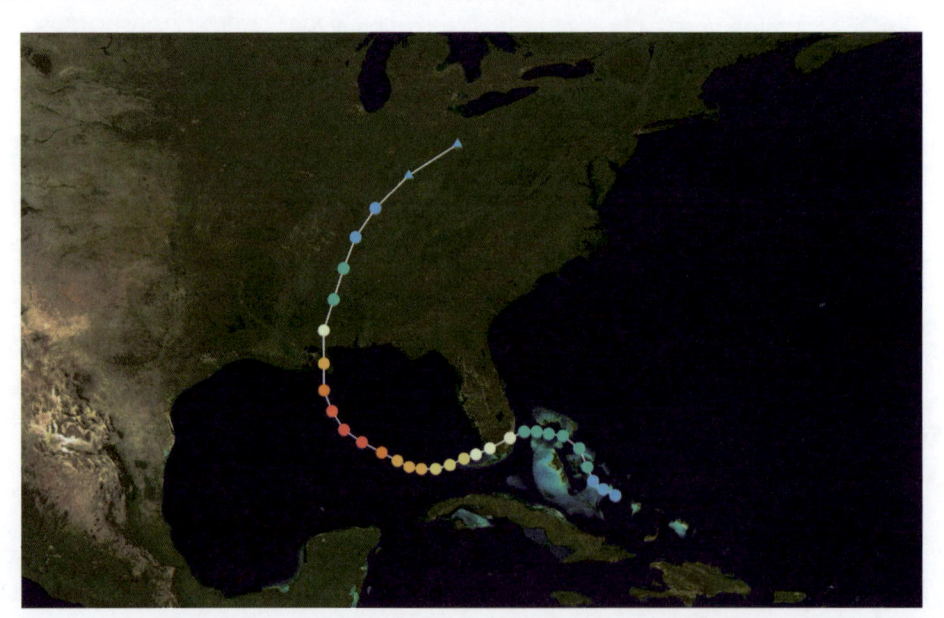

▲ 根據薩菲爾 - 辛普森颶風風力等級的強度繪製的風暴路徑圖

資料來源：https://zh.wikipedia.org/zh-tw/2005%E5%B9%B4%E9%A3%93%E9%A3%8E%E5%8D%A1%E7%89%B9%E9%87%8C%E5%A8%9C#/media/File:Katrina_2005_track.png

颶風「卡崔娜」展示了氣候變化引發的極端天氣對城市和社會的巨大影響。這些氣候災害不僅導致人員傷亡和經濟損失，還使得受災地區的居民無法快速恢復正常生活。隨著氣候變化的持續加劇，這類極端天氣事件的頻發對全球社會和政府提出了更高的要求，必須加強氣候變化適應策略、災害預防和應急反應系統，以保護脆弱地區的人口免受這些災害的威脅。

▲ 被海水淹沒的紐奧良

資料來源：https://zh.wikipedia.org/zh-tw/2005%E5%B9%B4%E9%A3%93%E9%A3%8E%E5%8D%A1%E7%89%B9%E9%87%8C%E5%A8%9C#/media/File:KatrinaNewOrleansFlooded.jpg

極端氣候的發生使得許多社區難以恢復，居民被迫逃離家園，成為氣候難民。這些災害如颶風、洪水、乾旱和熱浪，不僅造成基礎設施的嚴重損壞，還持續威脅當地的經濟發展和居民生活。當災害發生後，許多社區因缺乏資源和恢復能力，無法迅速重建，導致居民不得不永久或長期遷移到其他地區尋求更安全的生活環境。

隨著這類氣候災害的加劇，全球氣候難民的數量正在迅速增加，特別是在基礎設施薄弱、災害應對能力有限的地區。這不僅對當地居民的生計造成長期損害，也給遷移地區帶來社會、經濟和資源壓力。為了應對這一挑戰，全球社會需要加強對氣候變化的應對能力，透過加強基礎設施建設、推進氣候適應政策和提供國際支持，減少社區因災害而成為氣候難民的風險。

4. **森林火災**：氣候變化引發的高溫和乾燥條件明顯增加了全球範圍內森林火災的頻率和規模。澳大利亞和美國加州的森林火災是這類氣候災害的典型例子，這些地區的高溫天氣和乾燥環境使得火災更容易發生且難以控制。每年，數十萬人因火災威脅不得不撤離家園，成為氣候難民。這些火災不僅摧毀了廣袤的森林和野生動物棲息地，還對當地的社區和基礎設施造成嚴重破壞。

隨著氣候變化的加劇，火災的規模和頻率正在持續上升，這種情況給全球帶來了更加複雜的挑戰。火災造成的空氣污染、經濟損失以及對人類健康的威脅進一步放大了其社會影響。國際社會需要透過加強預防措施、提高應急反應能力，以及推動更積極的氣候政策來應對這些挑戰，減少火災帶來的危害並保護受災地區的居民和生態系統。

案例解析

▲ 圖片來源：Shutterstock

2023 年 8 月夏威夷的森林大火，毛伊島是受災最嚴重的地區之一。儘管大部分火勢已得到控制，但電力中斷和網路通訊受阻使救援行動面臨極大挑戰。當地救援人員全力以赴，試圖克服困難以提供緊急援助並搜尋生還者。火災已造成嚴重傷亡，已知至少 55 人罹難，且這一數字可能會隨著救援的進展進一步增加。

此次災情突顯了極端氣候對夏威夷的威脅，不僅影響居民生活，也對當地基礎設施造成嚴重損害。隨著氣候變遷引發的高溫和乾燥條件加劇，自然災害的頻率和強度正逐漸上升，提醒我們必須加強防災措施，並及早做好應對極端天氣的準備，以減少未來類似災害的風險和影響。

氣候難民的挑戰

1. **法律地位模糊**：氣候難民目前並不包括在《1951 年難民公約》的保護範疇內，這意味著他們在跨國遷徙時缺乏法律上的保護，難以獲得庇護。由於氣候難民的流離失所是由氣候變化引發的自然災害或環境惡化造成的，而非傳統的戰爭、迫害等原因，現有的國際法框架對其定義和保護不足。

    這種法律上的空白，使得氣候難民在尋求跨國庇護或援助時面臨巨大困難，往往無法獲得必要的支持和保障。隨著氣候變化導致的災害頻發和全球氣候難民數量的不斷增加，國際社會必須加快討論與完善對氣候難民的法律認定和保護機制，確保這些人群能夠在危機中獲得適當的庇護、資源和人道主義援助。

2. **跨國合作不足**：氣候變化是一個全球性問題，解決氣候難民問題需要國際間的合作。然而，許多國家對於如何接納和安置氣候難民仍缺乏統一的政策和應對措施。氣候難民的跨國遷徙涉及複雜的經濟、社會和法律問題，而許多接收國由於承受著經濟壓力、社會資源緊張以及公共服務負擔的增加，不願意接收更多的氣候難民，這進一步加劇了全球移民危機。

    缺乏有效的國際合作和政策協調使氣候難民問題變得更加棘手。各國之間的政策不一致，加上國際法對氣候難民的保護不足，導致氣候難民在尋求庇護時經常面臨阻礙。要解決這一問題，國際社會必須共同努力，制定針對氣候難民的統一政策，提供資金支持、技術合作以及接收方案，並推動全球對氣候難民的法律保護機制的建立。這樣才能有效緩解全球氣候變化帶來的移民壓力，並促進國際社會的共同責任感和合作精神。

3. **社會經濟壓力**：氣候難民的遷徙會對接收國造成額外的社會和經濟壓力，尤其是在資源本已短缺的國家和地區。這些國家往往面臨基礎設施不足、糧食和水資源匱乏等挑戰，當大量氣候難民湧入時，資源分配變得更加緊張，可能導致生活條件進一步惡化。隨著更多人因氣候變化流離失所，接收國的公共服務、住房、醫療和教育系統等都會承受更大的負擔。

   這種資源緊張不僅可能加劇貧困，還可能引發社會衝突，特別是當當地居民與新來的難民在工作、土地和基礎資源方面發生競爭時。這種情況可能導致更廣泛的社會動盪，甚至在某些情況下加劇政治不穩定。要有效應對氣候難民遷徙帶來的挑戰，國際社會必須提供支持，幫助接收國管理資源分配問題，並加強國際合作，推動永續的發展政策和資源利用方式，以減少社會矛盾的爆發。

4. **氣候適應能力不足**：許多氣候難民來自經濟發展水平較低的國家，這些國家通常缺乏應對氣候變化的基礎設施和技術能力。氣候變化帶來的災害，如乾旱、洪水和颱風，對這些國家的農業、基礎設施和社會經濟體系造成嚴重破壞。然而，由於缺乏資金和技術，這些國家往往無法有效應對氣候災害，也無法為受災民眾和氣候難民提供足夠的保護和支援。

   缺乏國際支援進一步加劇了這些國家的困境，儘管它們往往是氣候變化影響最為嚴重的地區，但卻沒有足夠的資源來實施減災和適應措施。這使得大量氣候難民面臨生活困境，無法獲得基本的生活保障和重建家園的機會。要有效應對這一挑戰，國際社會必須加強對這些脆弱國家的資金和技術支持，幫助其提升氣候適應能力，並確保氣候難民得到必要的人道援助和保護。

5. **解決氣候難民問題的策略**
   - **國際法律框架**：國際社會應積極考慮修訂或擴展現有的國際難民法規，以涵蓋氣候難民，確保這一群體在面對氣候變化引發的災害和環境惡化時能夠獲得應有的保護。隨著全球氣候危機的加劇，越來越多的人因氣候災害被迫遷徙，極需法律上的保障。

     聯合國難民署（UNHCR）和國際移民組織（IOM）已經開始推動這方面的討論和倡議，以探索如何擴展現有的難民保護框架，並制定具體的應對措施。這些機構認識到氣候變化帶來的移民問題越來越嚴重，強調需要為氣候難民提供跨國遷徙中的法律保護和庇護措施。透過國際社會的協力合作，修訂和擴展相關法規將有助於確保氣候難民在全球範圍內能夠得到有效的法律保護，並推動全球對氣候難民的應對能力和人道主義援助體系的建設。

- **減緩和適應氣候變化**：各國需要加快減少溫室氣體排放的步伐，以遏制氣候變化的加劇。此外，加強氣候適應措施，包括提升基礎設施的抗災能力、實施永續農業政策、改善水資源管理等，能有效降低氣候變化對當地社區的影響，減少氣候難民的產生。

  - **全球資金與技術支持**：國際機構如綠色氣候基金（GCF）等，應繼續加強對發展中國家的資金和技術支持，幫助這些國家提升應對氣候災害的能力。這些機構在應對氣候變化的全球行動中扮演著重要角色，透過技術轉移和金融支持，能夠幫助發展中國家採取更有效的氣候適應和減緩措施。

    技術轉移使發展中國家能夠利用最新的環境技術，推動可再生能源發展、改進農業生產方式、提升水資源管理和建設抗災基礎設施，從而增強其抵禦氣候災害的能力。金融支持則能幫助這些國家投入所需的資金，實施永續發展政策和基礎設施項目，改善經濟條件，減少因氣候變化而引發的社會經濟不穩定。

    這些措施從根本上改善了受氣候變化影響地區的生存環境，降低了氣候災害的風險，並減少了氣候難民的產生。國際機構的持續支持對於確保這些國家能夠順利應對氣候變化、提升經濟韌性並實現永續發展目標至關重要。

  - **預警系統與應急措施**：建立和完善全球氣候災害預警系統，是減少氣候災害帶來的人員和財產損失的關鍵措施。這些預警系統透過精確的數據分析和技術手段，能夠及時預測颶風、乾旱、洪水、森林火災等極端天氣事件，為社區和政府提供提前準備的時間。透過這些系統，當地居民可以在災害來臨前迅速採取防護措施，進行疏散，從而最大程度地減少生命損失和經濟損害。

    同時，針對可能出現的氣候難民潮流，制定應急遷移計劃非常重要。這些計劃應包括安全撤離路線、臨時安置點的設置以及基本生活物資的供應，確保在災害發生後，氣候難民能夠迅速得到妥善安置。國際社會和各國政府需要協作，制定針對跨國遷移的應急方案，確保難民在跨境遷移過程中獲得應有的法律保護和人道援助。

透過完善的預警系統和應急遷移計劃，全球社會可以更有效地應對氣候變化帶來的挑戰，保護受災地區的社區，並減少氣候難民產生的風險。同時，這也能為可能的難民潮提供及時、有效的應對措施，保證國際社會在面臨氣候危機時能迅速行動。

未來展望

氣候難民問題是未來全球治理面臨的一個重大挑戰，隨著氣候變化的加劇，這一問題的影響將進一步擴大。根據世界銀行的預測，到 2050 年，可能會有超過 1.4 億人因氣候變化而被迫遷移。這一規模的氣候移民將對全球的社會、經濟和政治體系帶來深遠的影響。

應對這一挑戰需要全球範圍內的合作與協調，涵蓋多方面的行動措施。首先，國際社會必須修訂或擴展現有的國際法規，為氣候難民提供明確的法律保護，確保他們在跨國遷徙過程中能夠獲得應有的庇護。其次，發展中國家和受災嚴重的地區需要來自國際社會的資金支援，以提升其應對氣候災害的能力。技術創新也同等重要，能夠幫助這些國家實施氣候適應措施，如永續農業、水資源管理和防災基礎設施建設。

此外，應該全面推動適應性規劃，確保各國能夠應對未來的氣候挑戰，減少氣候難民的產生。這需要加強全球預警系統、制定應急遷移計劃，並協調各國之間的政策，確保氣候難民能夠得到妥善安置。只有透過全球合作，才有可能應對氣候難民問題的複雜性，減少對全球社會和環境的深遠影響。

CHAPTER 5

政策法規和合規性

5-1 國際協議和碳市場

重要的 COP 會議和成果

國際氣候行動歷程

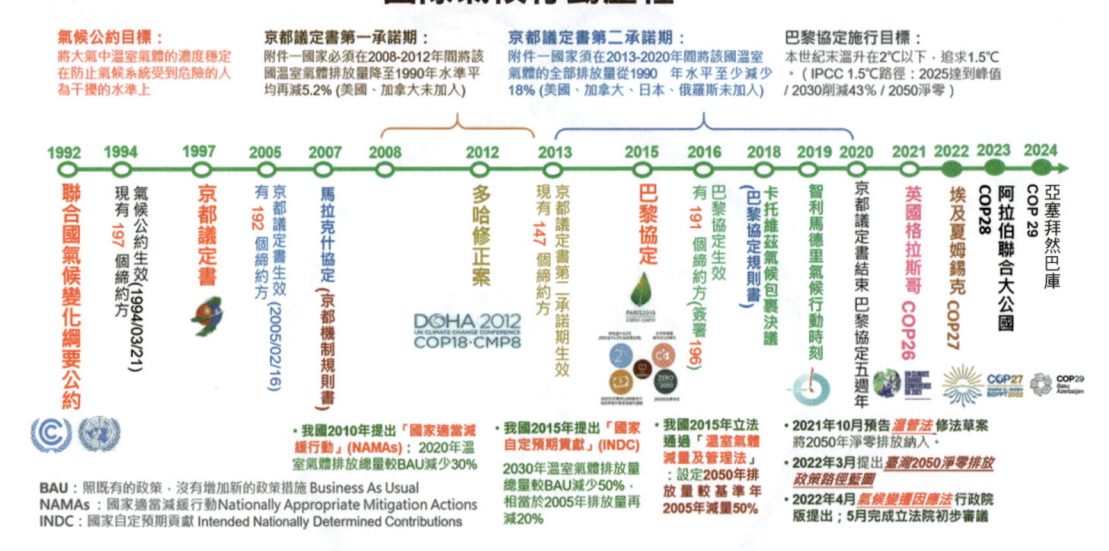

▲ 國際溫室氣體管制趨勢，行政院環保署 2022.08

1. **《京都議定書》**（1997 年，COP3，京都）

    第一個具有法律約束力的減碳排協議，要求先進國家在 2008 年至 2012 年間平均減少 5.2% 的溫室氣體排放。

2. **《巴黎協定》**（2015 年，COP21，巴黎）

    - 訂立全球氣候行動框架，旨在將全球平均氣溫升幅控制在工業化前水平以上 2 攝氏度以內，並努力限制在 1.5 攝氏度以內。

    - 各締約方需提交國家自主貢獻（NDCs），每五年更新一次，逐步提高減排目標的達成。

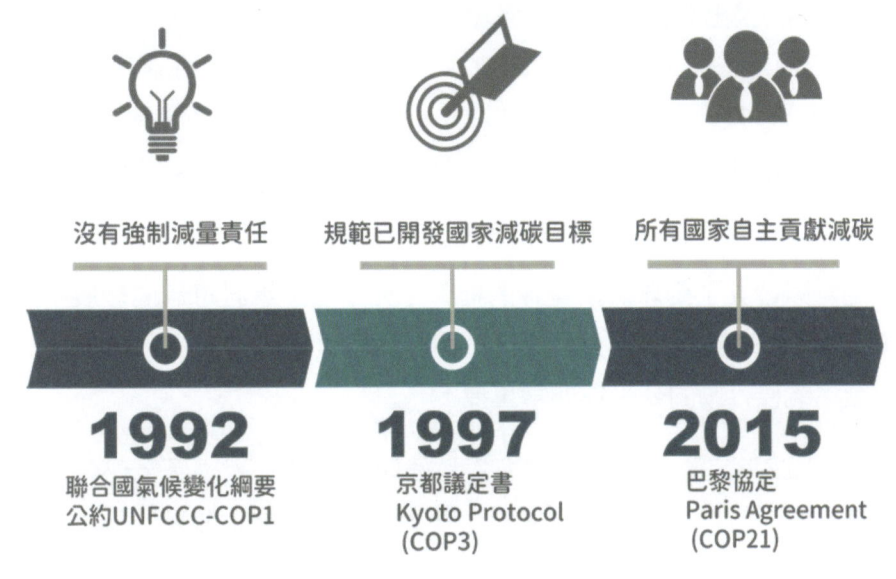

沒有強制減量責任	規範已開發國家減碳目標	所有國家自主貢獻減碳
1992 聯合國氣候變化綱要公約UNFCCC-COP1	**1997** 京都議定書 Kyoto Protocol (COP3)	**2015** 巴黎協定 Paris Agreement (COP21)

▲ 圖片來源：經濟部產業發展署

《巴黎協定》等國際協議

《巴黎協定》（Paris Agreement）是全球應對氣候變化的重要框架，是指由聯合國氣候變化綱要公約（UNFCCC）於 2015 年 12 月 12 日在法國巴黎通過的一項國際協定，於第 21 次締約方會議（COP21）上達成，旨在全球範圍內應對氣候變化，為減少溫室氣體排放設定長期目標，並於 2016 年 11 月 4 日正式生效。透過全球合作，將全球平均氣溫上升幅度控制在工業化前水平以上 2 攝氏度以內，並努力將其限制在 1.5 攝氏度以內，目標在減少氣候變化帶來的嚴重風險和影響。

《巴黎協定》與之前的氣候協議（如《京都議定書》）的不同之處在於，它要求所有締約方（無論是先進國家還是發展中國家）根據各自的國情，制定和提交國家自主貢獻（NDC），這些貢獻代表了各國在減排、適應氣候變化和提供氣候資金方面的承諾。各國的減排目標和政策需根據 NDC 進行更新和加強，以實現全球溫控目標。

「2 攝氏度」目標旨在避免氣候變化帶來的最嚴重影響，包括海平面上升、極端氣候事件頻繁發生、以及生態系統的不可逆轉損害。根據科學家們的研究，即使全球溫度上升 2 攝氏度，許多地區仍將面臨明顯的環境挑戰。因此，《巴黎協定》鼓勵各國加大努力，將氣溫上升限制在 1.5 攝氏度以內，這一目標被認為能夠明顯減少氣候變化的風險，尤其是對於最脆弱的國家和社區而言。

為實現這些目標，《巴黎協定》要求各國制定和實施一系列減排政策和措施，這些政策包括推廣可再生能源、提高能源效率、減少工業排放、保護和恢復森林等碳匯，以及鼓勵低碳技術創新。除了減排之外，《巴黎協定》還強調適應氣候變化的必要性，鼓勵各國加強對氣候變化影響的抵禦能力，並為最脆弱的國家提供技術和資金支持。

《巴黎協定》還確立了全球氣候資金的框架，先進國家承諾每年向發展中國家提供至少 1000 億美元的氣候資金，用於支持這些國家實施減排和適應措施。這一承諾對於確保全球氣候行動的公平性非常重要。

總體來説，《巴黎協定》是當前全球應對氣候變化的基石，透過全球合作和各國自主承諾，這一協定致力於控制全球氣溫上升，減少氣候變化帶來的風險，並推動全球向低碳和永續發展轉型。各國必須堅定不移地落實其承諾，並持續加強和更新減排目標，以保證全球氣候目標的實現。

主要內容

1. **全球目標**
   - 將全球平均氣溫上升控制在工業化前水平以上 2 攝氏度以內，並努力將升溫控制在 1.5 攝氏度以內。
   - 在本世紀下半葉實現全球溫室氣體排放的淨零排放（碳中和）。

2. **國家自主貢獻（NDCs）**
   - 各締約方需提交和更新其自主決定的國家減排計劃（NDCs），每五年更新一次，並且需要逐步提高其目標的雄心。
   - 各國必須定期報告其排放量和減排進展，接受國際審查。

3. **適應和財務支持**
   - 鼓勵各國加強氣候變化適應行動，減少氣候變化帶來的負面影響。
   - 先進國家承諾提供資金、技術和能力建設支持，幫助發展中國家實現減排和適應目標，承諾到 2020 年每年提供 1,000 億美元的氣候資金。

4. **透明度和問責機制**
   - 建立透明度框架，確保各國的減排行動和支持措施可以被監測、報告和驗證。

- 建立全球盤點機制，每五年進行一次，評估全球減排進展，確保實現長期目標。

5. **損失與損害**

   承認氣候變化帶來的損失和損害，並提出建立合作框架，幫助易受氣候變化影響的國家應對損失和損害。

簽署和批准

巴黎協定於 2016 年 4 月 22 日開放簽署，並迅速得到廣泛支持。截止 2021 年，已有 196 個締約方簽署協定，其中包括主要溫室氣體排放國。協定需要至少 55 個締約方，且這些締約方的溫室氣體排放量需佔全球總量的至少 55%，才能正式生效。

京都議定書的生效過程設立了嚴格的條件，即需要至少 55 個締約方的批准，而且這些國家的總排放量必須是佔全球溫室氣體排放量的至少 55%。這些條件旨在確保協定的實施能夠對全球氣候變化產生實質性的影響。

2004 年，俄羅斯決定批准該協定，這一舉動極為重要，因為它使得批准的締約方達到了所需的排放量門檻。俄羅斯的批准成為協定生效的關鍵一步，保證該協定的合法性和實施基礎。隨後，在 2005 年，京都議定書正式生效，標誌著全球氣候行動進入了一個新的階段。這一協定的生效不僅加強了國際社會對氣候變化問題的集體承諾，還為後續的國際氣候談判和協定奠定了基礎。

挑戰與機遇

1. **目標實現難度**

   將全球升溫控制在 1.5 攝氏度以內需要全球範圍內進行大規模的減碳行動，並迅速轉型至低碳經濟。這一目標要求各國大幅削減溫室氣體排放，加速淘汰化石燃料，並推廣可再生能源的使用。此外，必須大力推動能源效率的提高、交通和工業部門的電氣化以及綠色技術的創新與應用。同時，還需保護和恢復自然碳匯，如森林和濕地，以增強碳吸收能力。只有透過全球協同合作，採取強有力的政策和技術措施，才能有效應對氣候變化挑戰，實現 1.5 攝氏度目標，確保地球生態系統的永續性。

2. **財務和技術支持**

   將全球升溫控制在 1.5 攝氏度以內需要全球範圍內進行大規模的減碳行動和快速轉型至低碳經濟，這對發展中國家最具有挑戰性。為了實現這一目標，發展

中國家需要來自先進國家的財務和技術支持，這包括資金援助、技術轉讓和能力建設等方面。這些支持將幫助發展中國家採用可再生能源、提高能源效率並建立永續的基礎設施。透過全球協同合作，各國才能有效應對氣候變化挑戰，推動全球向永續發展目標邁進，實現 1.5 攝氏度的溫控目標，並確保全球氣候正義。

3. **政治意願**

各國的政治意願和政策穩定性對於國際氣候協定的有效實施最為重要。強有力的政治意願確保各國政府能夠承諾並執行必要的減排措施，而政策的穩定性則保障了這些措施的持續性和長期效果。沒有堅定的政治支持，減排目標可能難以達成，而政策的不穩定則可能導致減排計劃的中斷或倒退。只有各國政府保持強烈的氣候行動承諾，並制定和維持穩定的政策框架，才能確保國際協定的成功實施和全球氣候目標的實現。

4. **美國未批准**

美國曾是全球最大的溫室氣體排放國之一，在《京都議定書》的談判過程中雖然參與了協定的制定，但最終在 2001 年宣布退出，並未批准該協定。美國政府退出的主要理由是擔心該協定會對美國經濟帶來負面影響，尤其是對能源密集型產業。同時，美國還批評該協定對於發展中國家的減排要求不夠明確，認為這會導致全球碳排放治理的公平性問題。美國的退出一度使全球氣候變化治理面臨挑戰。

5. **發展中國家的責任**

《京都議定書》確實對發展中國家的溫室氣體排放未設具體限制，這一點引發了相當多的批評。批評者認為，隨著發展中國家經濟快速增長，它們的排放量也在逐漸增加，對全球氣候變化的影響不可忽視。尤其是一些新興經濟體，如中國和印度，雖然在當時被歸為發展中國家，但它們的碳排放增長速度極快，這使得一些工業化國家認為《京都議定書》未能公平分配全球減排責任，從而削弱了協定的有效性。

6. **執行難度**

許多國家在實施減排措施時遇到了挑戰，導致它們未能達到《京都議定書》規定的減排目標。這些困難包括技術限制、經濟壓力和政治阻力等。一些國家在減排過程中，發現要兼顧經濟增長和環境保護存在矛盾，特別是對於依賴傳統能源的國家，轉型到可再生能源需要大量投資和技術支持。此外，國內政策的

不一致、企業的抵制以及社會對減排措施的理解和接受程度，也讓減排計劃的推進變得更加複雜。這些因素共同影響了部分國家達成其承諾的能力。

後續行動

巴黎協定強調各國的共同但有區別的責任，以及各自能力的原則。全球氣候行動需要持續加強，確保在未來的幾十年內實現協定設定的長期目標。各國需加強合作，推動技術創新和資源共享，以應對氣候變化的挑戰。巴黎協定是全球應對氣候變化的重要里程碑，旨在透過國際合作和國內行動，實現永續發展和氣候穩定的共同目標。

💡 京都議定書

京都議定書（Kyoto Protocol）是由聯合國氣候變化綱要公約（UNFCCC）於 1997 年 12 月在日本京都通過的國際協定，旨在減少全球溫室氣體排放，以應對氣候變化問題。議定書於 2005 年 2 月 16 日正式生效，是第一個對各國溫室氣體排放量設定具法律約束力的國際協定。

京都議定書的第一承諾期於 2012 年結束後，2015 年簽署的《巴黎協定》取代了京都議定書，該協定涵蓋了所有締約方國家，並要求各國自主制定並提交減排計劃（國家自主貢獻，NDCs）。

京都議定書是全球應對氣候變化的重要里程碑，奠定了國際社會共同努力減少溫室氣體排放的基礎。

主要內容

1. **排放目標**：京都議定書要求工業化國家和經濟轉型國家在 2008 年至 2012 年間，將溫室氣體排放量比 1990 年水平平均減少 5.2%。

2. **排放交易**：議定書引入了排放交易機制，允許國家之間進行碳排放配額交易，鼓勵低成本的減碳排放方案。

3. **清潔發展機制（CDM）**：允許工業化國家在發展中國家投資減排項目，以獲取碳信用（carbon credits），用於抵消其國內的碳排放目標。

> **提示！**
>
> **碳信用（Carbon Credits）**作為一種有效的市場機制，用於激勵減少溫室氣體排放，實現全球減排目標，並為推動永續發展提供重要支持。
>
> 每一個碳信用代表一噸二氧化碳或等量的其他溫室氣體減排量。這些信用可以在市場上交易，從而幫助企業和國家實現減碳排目標。

💡 UNFCCC

聯合國氣候變化綱要公約（United Nations Framework Convention on Climate Change, UNFCCC）是 1992 年在巴西里約熱內盧舉行的地球高峰會（也稱里約環境與發展會議）上通過的一項國際條約，旨在應對全球氣候變化問題。UNFCCC 的主要目的是穩定大氣中的溫室氣體濃度，防止人類活動對氣候系統造成危險的影響。

主要內容

1. **目標**

    穩定大氣中溫室氣體濃度，以防止氣候系統受到危險的干擾。這一目標應在充分考慮經濟發展和糧食安全的前提下，於足夠的時間框架內實現。

2. **原則**

    - 共同但有區別的責任原則 123：各國在應對氣候變化方面承擔共同責任，但根據其經濟能力和歷史責任，先進國家承擔更大的責任。
    - 公平原則：保證發展中國家在應對氣候變化過程中獲得公平對待和支持。
    - 永續發展原則：促進經濟、社會和環境的永續發展。

3. **行動框架**

    - 各締約方承諾制定並實施國家層面的氣候變化應對計劃，監測和報告溫室氣體排放數據。
    - 加強國際合作，促進技術轉讓和資金支持，尤其是對於發展中家的支持。

4. **機構設置**

    - 締約方會議（Conference of the Parties, COP）：UNFCCC 的最高決策機構，每年舉行一次，討論和協調全球氣候變化政策和行動。

- 科學和技術諮詢附屬機構（Subsidiary Body for Scientific and Technological Advice, SBSTA）：提供科學、技術和方法方面的建議。
- 實施附屬機構（Subsidiary Body for Implementation, SBI）：協助審查和評估締約方的行動和報告。

挑戰和機遇

1. **挑戰**
   - **執行和合規**：如何確保各國實施並遵守其承諾，尤其是國家自主貢獻（NDCs）的執行和監督。

   > **提示！**
   >
   > **國家自主貢獻（Nationally Determined Contributions，NDCs）** 是指各個國家根據《巴黎協定》自願提出的應對氣候變化的具體行動和目標。這些貢獻包括減少溫室氣體排放的目標、適應氣候變化的措施，以及其他與氣候相關的承諾。NDCs 是《巴黎協定》的核心要素，旨在推動全球共同努力將全球平均氣溫升高控制在工業化前水平以上「遠低於 2°C」之內，並努力將升溫控制在 1.5°C 之內。

   - **資金和技術支持**：確保發展中國家獲得足夠的資金和技術支持，以實現其減排目標和適應措施。
   - **全球協調**：在各國利益和發展水平差異的背景下，協調全球氣候行動，達成一致的政策和行動框架。

2. **機遇**
   - **技術創新**：推動清潔能源技術、碳捕捉與封存技術和其他低碳技術的發展，實現低碳經濟轉型。
   - **綠色金融**：透過碳市場、綠色債券和其他金融工具，動員更多資金支持氣候行動和永續發展。
   - **國際合作**：加強國際間的合作和技術轉讓，共享經驗和最佳實踐，共同應對全球氣候變化挑戰。

未來展望

1. **加強執行機制**

    建立更加完善的執行和監督機制對於確保各國履行其減排承諾非常重要。這些機制應該包括定期的國際審查和報告，讓各國在減排進展方面保持透明，並接受外部評估。透過這種方式，可以提高問責性，確保各國實施的措施符合國際氣候協定的要求。此外，這些機制應該設置明確的激勵措施和懲罰條款，以鼓勵積極行動並對未履行承諾的行為進行制裁。完善的執行和監督機制不僅能促進國際合作，還能增強公眾和國際社會對各國減排努力的信心，從而推動全球氣候目標的實現。

2. **促進公平和包容**

    建立更加完善的執行和監督機制，確保各國履行減排承諾，提高資訊透明度，同時確保發展中國家在全球氣候行動中獲得公平待遇和支持，是縮小全球發展差距的關鍵。完善的機制應包括定期國際審查和報告，並設置激勵和懲罰措施，以促進國際合作和信任。先進國家應承擔更多責任，提供財務援助、技術轉讓和能力建設，幫助發展中國家有效參與全球氣候行動。透過這些措施，可以促進更加平等的全球氣候治理，實現共同但有區別的責任，從而推動全球氣候目標的實現，縮小發展差距，促進氣候正義。

3. **推動綠色復甦**

    在全球經濟復甦過程中，將氣候行動與永續發展相結合，是實現經濟增長與環境保護雙贏的關鍵策略。透過推動綠色經濟，促進可再生能源、能源效率和綠色技術的發展，國家可以在創造就業機會和促進經濟增長的同時，減少碳排放並保護自然資源。這種轉型不僅有助於應對氣候變化，還能增強經濟的韌性和永續性，確保長期的環境健康和社會福祉。將氣候行動融入經濟復甦計劃中，全球各國可以共同推動一個更綠色、更永續的未來，實現經濟與環境的協同發展。

聯合國氣候變化綱要公約（UNFCCC）作為全球應對氣候變化的框架性條約，具有舉足輕重的地位和作用。自其成立以來，UNFCCC 一直是推動全球減排和促進永續發展的重要推手。該公約為各國提供了一個共同的平台，讓各方能夠在應對氣候變化這一全球性挑戰上展開合作。

隨著時間的推移，UNFCCC 透過各次締約方會議（COP）以及相關機制的設立，不斷完善其框架和內容，確保國際社會能夠更加有效的合作，應對氣候變遷帶來的

多重挑戰。這些國際合作的努力已經促成了一系列具體的成果，例如《巴黎協定》的達成，為全球氣候行動設定了明確的目標。

展望未來，UNFCCC 將繼續發揮其重大影響力，透過推動更深入和更廣泛的國際合作，來促進全球各國在減排、適應氣候變化以及促進永續發展方面取得更大進展。隨著各方對氣候變化的認識不斷深化，UNFCCC 的作用將更加關鍵，成為全球共同應對氣候變化挑戰的重要支柱。這種持續的國際合作，不僅有助於保護地球的環境，也為各國在轉型過程中找到平衡和共贏提供了基礎。

COP28 的主要成果

COP28，第 28 屆聯合國氣候變化框架公約締約方會議（UNFCCC），於 2023 年 11 月 30 日至 12 月 13 日在阿聯酋杜拜舉行。此次會議在全球氣候談判中具有重要的里程碑意義，並達成了許多關鍵成果和倡議。

▲ COP28 承諾新的氣候融資達 850 億美元
圖片來源：https://www.cop28.com/en/

結論	重點
首次全球盤點報告 (Global Stocktake)	依《巴黎協議》第 14 條，COP 自 2023 年後每五年應進行一次全球盤點，評估 196 個締約國自 2015 年簽署之《巴黎協議》中各「國家自定貢獻」（nationally determined contributions，NDCs）及減碳進程。雖近年減碳努力確實有成果惟仍明顯可見各國尚未達成共同減碳目標，且亟需改進而應系統性地全面轉型。

結論	重點
化石燃料之逐步淘汰（phaseout）或逐步減少（phase down）	以『公正、有序且公平』之方式（in a just, orderly and equitable manner）『轉型脫離』化石燃料，並加速推動再生能源與公正轉型」為最終草案。
損失與損害基金 (Loss and Damage Fund)	COP28首日即通過決議並有多國承諾資助基金，目前基金總額已達約8億美元，並以世界銀行為暫時管理基金單位，針對處在受第一線氣候災難衝擊之開發中國家，獲得技術援助以便因應日益惡劣之緊急氣候影響。
氣候融資 (Climate finance)	綠色氣候基金（Green Climate Fund）獲得來自澳洲、愛沙尼亞、義大利、葡萄牙、瑞士與美國之二次資金挹注（GCF-2），基金現總額共約128億美元；而該資金將有助於綠色氣候基金在2024至2027之四年規畫週期中，向發展中國家提供援助以協助其應對氣候變遷並保護脆弱群體。
阿聯酋共識 (UAE Consensus)	表明各國應在2030年前達成全球再生能源產能提高至三倍、全球能源效率改善至兩倍及化石燃料之轉型脫離。

1. **全球盤點**

   會議完成了第一次全球盤點，評估了集體實現《巴黎協定》目標的進展。盤點並且強調各國需加大氣候保護的雄心，到2030年將溫室氣體排放量較2019年水平減少43%，以限制全球暖化在1.5攝氏度以內。

2. **可再生能源和能效提升**

   各締約方承諾到2030年實現全球可再生能源容量增加三倍和能效提升兩倍的目標。這包括加速逐步減少未配套減排設施的煤電，逐步取消低效的化石燃料補貼。

3. **損失和損害基金**

   會議達成了歷史性的協議，啟動了損失和損害基金，並承諾總計超過7億美元，用於支持受氣候變化嚴重影響的國家。該基金旨在為遭受氣候變化不利影響的脆弱國家提供財政援助。

4. **適應目標**

   COP28確立了全球適應目標（GGA）的指標，重點是增強對水相關災害的韌性，在食品和水生產中嵌入氣候友好方法，確保氣候適應的衛生服務體系。該框架旨在指導適應規劃，並協調金融、技術和能力建設支持。

> **提示！**
>
> 全球適應目標（Global Goal on Adaptation，簡稱 GGA）是《巴黎協定》下的一個重要框架，旨在加強全球對氣候變遷的適應能力，減少氣候變遷對人類社會和自然環境的負面影響。GGA 的核心目標是提升各國和社會的韌性和適應能力，以應對氣候變遷帶來的多種挑戰，例如：極端氣候事件、海平面上升、乾旱和洪水等。

5. **氣候融資**

    氣候融資是會議的核心主題，綠氣候基金、最不發達國家基金和適應基金獲得了重要承諾。儘管如此，這些承諾的資金總額仍遠低於支持發展中國家清潔能源轉型和適應努力所需的數萬億資金。

6. **自然與氣候的整合**

    會議還強調了自然解決方案與氣候戰略的整合。諸如紅樹林突破等倡議，旨在恢復和保護紅樹林生態系統，這對碳匯和生物多樣性相當重要。

案例解析　企業如何將生物多樣性納入風險管理與永續策略

扭轉自然衰退的最後機會

除了氣候變遷，生物多樣性喪失也是當前自然生態面臨的重大危機。根據世界自然基金會（WWF）的《地球生命力報告 2022》，1970 至 2018 年間全球野生動物豐富度減少了約 69%，其中淡水物種的減少幅度高達 83%。這些數據顯示，自然衰退已到關鍵時刻。2022 年 12 月在加拿大蒙特婁舉行的《生物多樣性公約》第十五次締約方大會（COP15）確立的目標，被視為阻止這一衰退的「最後機會」。

生物多樣性與企業責任

COP15 中通過的《昆明－蒙特婁全球生物多樣性框架》要求大型跨國企業和金融機構定期監測、評估和揭露其對生物多樣性的影響。企業需要重新思考如何衡量其業務活動與價值鏈中的自然相關風險，並將生物多樣性納入其風險管理和永續策略。

勤業眾信建議企業三大策略：

① 評估價值鏈與自然之間的影響與依賴程度

　　企業應參考自然相關財務揭露工作小組（TNFD）的框架，使用 LEAP 方法（Locate、Evaluate、Assess、Prepare）來了解其營運流程、價值鏈與自然之間的互動，從而識別風險與機會。

② 訂定目標及承諾

　　除了風險評估，企業還需設定明確的自然保護目標。可以參考 TNFD 與 SBTN（Science-Based Targets Network）提供的指南，將目標具體化，並結合自然和氣候相關風險，使目標更具實踐性與一致性。

③ 攜手上下游價值鏈，共同應對風險和機會

　　企業應與供應鏈和合作夥伴合作，共同制定和實施解決方案，以增強企業的自然保護和氣候調適能力，從而推動永續發展。

結論

全球生物多樣性的危機需要政府與企業的共同努力。勤業眾信呼籲企業應及早鑑別生物多樣性風險，制定相關的永續發展策略，為長期的企業價值與財務績效奠定堅實基礎。

（資料來源：https://www2.deloitte.com/tw/tc/pages/sustainability-services-group/articles/ssg-update-2304-1.html）

提示！

紅樹林（藍碳）含碳最多，是一種生長在熱帶和亞熱帶沿海地區的生態系統，由耐鹽植物組成，這些植物通常具有特殊的根系結構，能夠在鹽度高、氧氣低的環境中生存。紅樹林主要分布在潮間帶，特別是河口、海岸線和潟湖等地區。紅樹林在生態、經濟和社會方面都有重要的作用。

▲ 七股紅樹林保護區

圖片來源：https://www.swcoast-nsa.gov.tw/zh-tw/attraction/details/248

未來展望

COP28 為全球氣候行動的未來奠定了堅實的基礎，強調了緊迫的行動需求，並敦促各方在 2025 年初提交更具雄心的氣候行動計劃。這些計劃應反映出更高的減排目標和更具實際操作性的策略，以應對全球氣候變遷的挑戰。

在此背景下，各國政府、企業以及民間社會之間的持續對話和合作顯得尤為重要。這種多層次的協作將在推動向永續和低碳未來的過渡中發揮重大影響作用。政府應提供明確的政策支持，企業則需在技術創新和商業模式轉型上積極投入，而民間社會則應透過監督和倡導，確保氣候行動的包容性。

這樣的合作機制將促使各方在減少碳排放、保護生物多樣性以及促進永續發展方面形成合力。最終，這不僅有助於達成 COP28 設定的目標，也為全球社會構建出一個更加綠色和公平的未來提供了保障。

▲ 圖片來源：https://www.un.org/en/desa/cop28-ends-call-%E2%80%98transition-away%E

聯合國 17 項永續發展目標（SDGs）

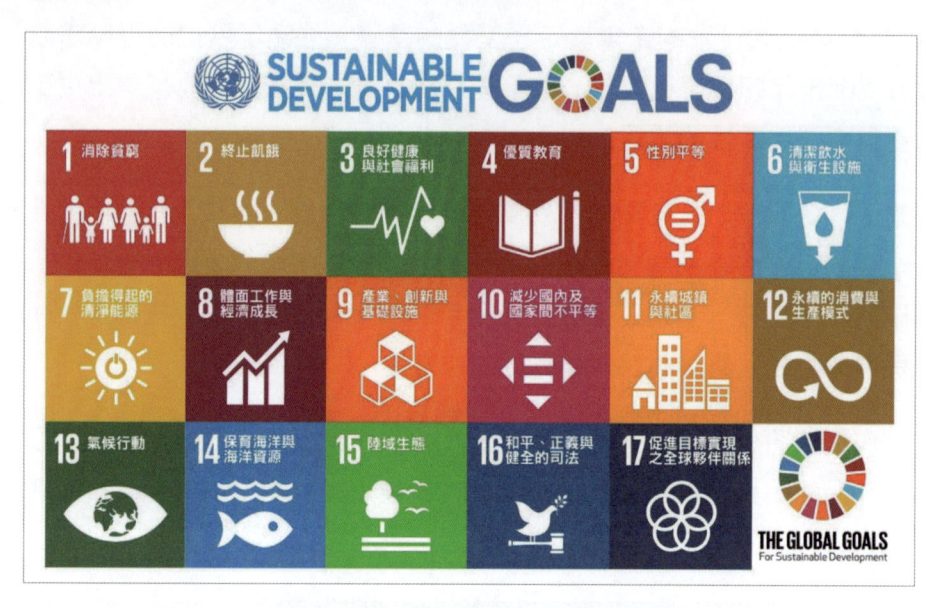

▲ 圖片來源：https://globalgoals.tw/

永續發展目標（SDGs，Sustainable Development Goals）是聯合國於 2015 年制定的全球性發展框架，旨在到 2030 年實現全面的永續發展。SDGs 包含 17 項具體目標和 169 項子目標，涵蓋經濟、社會和環境三大領域，旨在消除貧窮和飢餓，促進健康、教育和性別平等，確保清潔水資源和可負擔的能源，推動經濟增長和體面工作，減少不平等，建設永續的城市和社區，應對氣候變遷，保護海洋和陸地生態系統，促進和平與正義，並加強全球合作。

SDGs 的制定旨在應對當前全球面臨的重大挑戰，如氣候變遷、環境退化、社會不平等等。這些目標適用於所有國家，強調全球合作與行動，並強調所有目標之間的相互依存性，必須同步推進。SDGs 的核心理念是永續發展，這意味著在滿足當代需求的同時，不損害後代滿足其需求的能力。

實現 SDGs 需要各國政府、企業、非政府組織和公民社會的共同努力。各國需要制定符合自身國情的實施計劃，並結合發展戰略推動目標實現。同時，聯合國制定了具體的指標體系來監測各國的進展，並每年發布報告，以促進資訊透明度。實現這些目標還需要大規模的資金支持和創新金融工具的應用。

儘管實現 SDGs 面臨資金不足、社會不平等加劇、氣候變遷等諸多挑戰，這一框架為全球提供了推動經濟轉型、減少貧困和不平等、保護環境的共同方向，是全球永續發展的重要指導方針。

💡 碳信用

碳信用的工作原理

1. **發行和認證**

   碳信用通常由國際或國家級的機構發行，這些機構包括聯合國清潔發展機制（CDM）、黃金標準（Gold Standard）和自願碳標準（VCS）。這些機構負責審核和認證減排項目，確保其真實性。

2. **減排項目**

   減排項目可以包括可再生能源發電（如風能、太陽能）、能效提升、甲烷捕捉和利用、森林保護和再造林等。這些項目透過減少或吸收溫室氣體排放，產生相應的碳信用。

3. **交易和使用**

   碳信用可以在自願市場和合規市場上交易。企業或國家可以購買碳信用來抵消其自身的排放，從而達到碳中和的目標。交易通常經由碳交易所或碳信用經紀人進行。

碳信用的類型

1. **合規市場碳信用**

   這些信用是為了滿足政府法規或國際協議（如《京都議定書》和《巴黎協定》）的要求而產生的。主要市場包括歐洲聯盟排放交易系統（EU ETS）和加州排放交易計劃。

2. **自願市場碳信用**

   這些信用是由希望自願減排的公司和個人購買的，不受法律約束。這一市場由各種標準和計劃支持，例如：黃金標準和碳驗證標準（VCS）。

> **提示！**
>
> **碳驗證標準**（以下簡稱 VCS）是 2006 年啟動的自願性碳認證標準，由非營利組織 Verra 開發和運行的碳補償計劃，流通於全球並且僅關注溫室氣體減排性，不要求項目具有額外的環境或社會效益，其允許經過認證的項目將溫室氣體減排量和清除量轉化為可交易的碳信用額。VCS 提供各種產業的碳權認證，包含森林碳

> 權、再生及非再生能源、能源分配、能源需求、加工、化學、建築、運輸、礦業生產、燃料氣體及工業廢氣排放、溶劑使用、廢棄物處理、土地利用及農林業、牲畜與肥料管理等。
>
> （資料來源：https://www.reccessary.com/zh-tw/reccpedia/emission-trading/vcs）

碳信用的優點

1. **靈活性和成本效益**

    碳信用為企業提供了一種靈活且成本效益高的方式來達到減排目標。企業可以選擇透過內部減排措施來直接降低碳排放，或經由購買碳信用來抵消部分排放量。這種靈活性允許企業根據自身的實際情況，選擇最適合的減排途徑，從而在經濟上更具可行性。同時，碳信用市場的存在也激勵了更多低碳技術和碳減排項目的發展，促進了全球範圍內的減排努力。透過這種方式，企業不僅能達到合規要求，還能在實現環境責任的同時保持競爭力。

2. **資金支持減排項目**

    碳信用交易為減排項目提供了重要的資金支持，從而促進了可再生能源、能源效率和其他環保項目的發展。透過碳信用交易，企業和投資者可以將資金投入到各類減排項目中，例如：風能、太陽能、生物質能以及節能技術等，這些項目能產生碳信用，並在市場上交易。這不僅為永續發展提供經濟激勵，也加速低碳技術的創新和應用，進而推動了全球減排目標的實現。碳信用交易機制為環保項目帶來持續的資金流入，從而支持了更加廣泛的環境保護和氣候行動。

3. **推動技術創新**

    透過市場激勵，碳信用鼓勵技術創新和更高效的減排方法，有助於全球應對氣候變化。碳信用機制為企業提供經濟動力，使其尋求更先進的技術和創新方法來減少碳排放，以獲取或節省碳信用。這種市場驅動的方式不僅促進了新技術的研發和應用，也推動了行業內的競爭和合作，從而提升整體減排效率。隨著更多企業和行業參與碳信用交易，全球將形成一個更強大的減排體系，進一步推動永續發展，助力全球實現氣候目標。

碳信用的挑戰

1. **額外性**

   如 GHG Protocol、ISO 14064 等標準為企業提供了計算和報告碳排放的框架和方法,幫助企業準確評估和管理其碳足跡。這些國際標準有助於企業一致地收集、計算和報告溫室氣體排放數據,從而制定有效的減排策略並保持透明性。然而,保證減排項目產生的減排量是額外的,即在沒有碳信用資金的情況下不會發生,仍是一個主要挑戰。

   額外性是碳信用市場的核心原則,確保資金支持的項目能實現新增的減排效果。為了確保額外性,項目必須經過嚴格評估,並使用透明的監測和報告機制,保證其減排效果是真實。這樣可以增強碳信用市場的公信力,推動實質性的氣候行動,並促進全球減排目標的實現。

2. **永久性和泄漏**

   減排效果的永久性和防止碳泄漏是碳減排項目中需要持續監測和管理的重要問題。永久性確保減排量能夠長期維持,而碳泄漏指的是減排項目可能導致的間接排放增加,這可能抵消原本的減排效果。為了確保減排項目的真正效益,不僅需要精確計算和評估直接的減排效果,還必須長期監測,防止因其他活動而導致的排放增加。

   這需要專業的管理策略,結合透明的資料監測和報告系統,確保減排效果的持續性。同時應實施嚴格的風險控制措施,以防止碳泄漏現象,從而提升減排項目的可信度,並支持全球長期減排目標的實現。

3. **透明度和查核**

   確保碳信用交易的透明度和減排效果的獨立查核是增強市場信任和有效性的關鍵。透明度要求所有交易和項目訊息公開,讓參與者可以清楚地了解碳信用的來源、用途及其減排貢獻。獨立查核則透過第三方審核機構對減排項目進行評估和驗證,保證其減排量是可量化且符合標準的。

   這些措施不僅能增強市場參與者對碳信用交易的信心,還能確保資金真正推動實質性的減排行動。透明的交易和可靠的獨立查核,能促進市場的健康運作,並提高碳信用市場在全球減排目標實現中的重要作用。

未來發展趨勢

1. **數位化和區塊鏈技術**

    數字技術和區塊鏈有助於提高碳信用市場的透明度和可追溯性，降低交易成本。

    > **提示！**
    >
    > **區塊鏈（Blockchain）**是一種去中心化的數據記錄技術，透過分布式帳本的形式來記錄和驗證交易或數據。它由一連串按時間順序排列的「區塊」（blocks）組成，每個區塊包含多筆交易或數據記錄，這些區塊按順序連接形成「鏈」（chain），因此被稱為「區塊鏈」。

2. **國際合作和標準化**

    加強國際間的合作和統一碳信用標準，促進全球碳信用市場的發展。

3. **擴大市場參與**

    隨著更多國家和企業承諾實現碳中和，碳信用市場的需求將增加，市場規模將進一步擴大。

4. **共同實施（JI）**

    允許工業化國家之間合作實施減排項目，以獲取碳信用。

5. **監測和報告**

    各國必須定期報告其溫室氣體排放量和減排措施的進展，並接受國際審核。

💡 國際碳市場和碳交易機制

CDM（清潔發展機制）、ETS（排放交易體系）。清潔發展機制（CDM）允許先進國家透過在發展中國家投資減排項目獲得碳信用，排放交易體系（ETS）經由設定排放限額並允許排放權交易推動減排。

世界各國碳排放政策和法規

1. **各國的碳排放政策和標準**

    美國、歐盟、中國大陸等主要國家的政策。各國根據《巴黎協定》和自身國情制定了碳排放政策和標準，例如：美國的《清潔空氣法》、歐盟的《排放交易系統》、中國大陸的《碳排放交易管理辦法》等。

2. **法規合規性要求**

　　企業應對策略和合規措施。企業需遵守所在國和國際的碳排放法規，制定合規策略和措施，確保自身碳排放符合標準和法規要求。

歐洲碳關稅

歐洲碳關稅，即**「碳邊境調整機制」**（Carbon Border Adjustment Mechanism，簡稱 **CBAM**），是指歐盟為應對氣候變遷和防止碳洩漏而提出的關鍵政策工具。這一機制是歐洲綠色協議（European Green Deal）的重要組成部分，其核心目的是確保在全球範圍內公平地分擔碳排放減少的成本，並激勵全球各國提高碳定價和環保標準。

CBAM 的實施旨在解決「碳洩漏」問題，這是指由於歐盟內部嚴格的碳排放限制，企業可能將其生產轉移至環保標準較低、碳成本較低的國家，從而削弱全球減排努力。透過引入碳邊境調整機制，歐盟對進口商品徵收相應的碳稅，以反映這些商品在生產過程中所產生的碳排放量。這一機制有效地消除了碳洩漏的風險，確保了歐盟內外市場的公平競爭。

CBAM 覆蓋了初始階段的幾個高碳排放行業，例如：鋼鐵、水泥、鋁、化肥和電力等。隨著該機制的逐步推進，預計未來將擴展至更多的行業。進口商需要報告其進口商品的碳排放量，並根據歐盟的碳價格繳納相應的碳稅。如果進口國已經對這些商品徵收了類似的碳稅，歐盟將考慮減免部分或全部的 CBAM 費用，以避免雙重徵稅。

CBAM 還發揮著推動全球氣候行動的重要作用。透過施加這一碳邊境稅，歐盟不僅保護了其本地產業免受不公平競爭的影響，還向全球傳遞了一個強烈信號：全球減排責任必須得到公平分擔。這一機制鼓勵其他國家和地區提高其碳定價，採取更嚴格的環保措施，從而推動全球朝著更加永續的經濟模式轉型。

總體而言，CBAM 是歐盟在全球氣候政策中的一項創新舉措，它不僅是應對氣候變遷的必要手段，還將在未來推動全球氣候治理中發揮重要作用。透過這一機制，歐盟展示了其在推動綠色轉型和實現碳中和目標方面的堅定決心，也為其他國家樹立了減排和環保的榜樣。

政策背景

1. **氣候變遷與碳洩漏**

   歐盟已承諾在 2050 年前實現碳中和，並制定了嚴格的減排目標。然而，這可能導致一些高碳排企業將生產遷移到碳排放規範較低的國家，從而削弱全球減排努力，這種現象被稱為「碳洩漏」（Carbon Leakage）。

   為了防止碳洩漏並保護歐盟企業的競爭力，歐盟提出了碳邊境調整機制，這是一種針對進口產品徵收碳關稅的制度。

2. **歐洲綠色協議**

   CBAM 是歐洲綠色協議的重要組成部分，旨在透過貿易手段促使非歐盟國家採取更嚴格的碳排放措施，從而達到全球減排的目的。

碳邊境調整機制的運作方式

1. **適用範圍**

   CBAM 將主要針對那些碳密集型行業的進口產品，例如：鋼鐵、水泥、化肥、鋁和電力等。

   在未來，機制的適用範圍可能會擴展到更多產品和行業，以涵蓋更多的碳排放源。

2. **碳定價機制**

   歐盟進口商將需要購買「碳邊境憑證」（CBAM certificates），其價格將根據歐盟碳市場（即歐盟排放交易體系，EU ETS）的碳價來計算。進口商需報告其產品的碳排放量，並相應地購買和提交碳邊境憑證，以覆蓋進口產品的碳足跡。如果進口產品的來源國已經實施了類似的碳定價機制，進口商可以獲得相應的減免或抵扣。

3. **漸進實施**

   CBAM 將從 2023 年起開始實施，但初期將有一個過渡期，主要是資料收集和監測階段。在這一階段，進口商需報告進口產品的碳排放量，但暫時不會繳納關稅。

   從 2026 年起，CBAM 將全面實施，進口商需按規定購買碳邊境憑證。

影響與挑戰

1. **對國際貿易的影響**

    CBAM 可能對歐盟與其他國家（尤其是那些碳定價較低或尚未實施碳定價的國家）的貿易關係造成影響。一些國家可能會認為這一機制帶有貿易保護主義色彩。

    為減少貿易摩擦，歐盟可能需要與主要貿易夥伴展開對話，說明該機制的環保初衷，並探索合作應對氣候變遷的可能性。

2. **對歐盟企業的影響**

    CBAM 有助於保護歐盟內部的高碳密集型產業，防止這些企業因碳成本增加而將生產遷往海外。CBAM 也促使歐盟企業加速低碳技術的創新和應用，以在全球市場中保持競爭力。

3. **法律和技術挑戰**

    CBAM 的設計和實施面臨多重挑戰，包括確保與世界貿易組織（WTO）規則的一致性、計算和核實進口產品碳足跡的準確性等。

歐盟需制定詳細的指導原則，以確保該機制的公平性，並避免引發貿易爭端。

未來展望

1. **全球影響**

    CBAM 可能會對全球碳定價和氣候政策產生積極影響。其他國家可能會效仿歐盟的做法，採取類似的碳關稅措施，從而促使全球碳市場的逐步形成。

    該機制的實施有助於全球減排努力的協調，推動實現《巴黎協定》目標。

2. **歐盟內部的政策調整**

    隨著 CBAM 的實施，歐盟內部可能會對現有的排放交易體系（EU ETS）進行調整，以更有效地配合該機制，並保證減排目標的達成。

    歐盟還將加強與國際社會的合作，推動全球碳定價機制的統一，避免碳洩漏和貿易摩擦的產生。

總結

歐洲碳關稅（CBAM）是歐盟為應對氣候變遷和推動低碳經濟轉型而推出的重要政策工具。該機制透過對進口產品徵收碳關稅，旨在防止碳洩漏，即企業將生產轉移

至環保標準較低的國家，以避開歐盟內部嚴格的碳排放限制。CBAM 的設計不僅保護了歐盟內部的低碳經濟轉型努力，也為全球氣候政策和國際貿易帶來了深遠的影響。

CBAM 的運行方式是對進口到歐盟的高碳排放產品，例如：鋼鐵、水泥和鋁等，按照其生產過程中的碳排放量徵收額外的稅費。這種措施確保了進口產品與歐盟內部生產的低碳產品在市場上具有公平競爭的環境，同時也推動其他國家提高其碳排放標準，以免受制於這一邊境調整機制。

CBAM 的成功實施面臨著多重挑戰。首先，該機制需要在技術上具備精確計算進口產品碳足跡的能力，這涉及到各國生產工藝和能源使用的複雜性。其次，法律層面的挑戰也不容忽視，尤其是在與世界貿易組織（WTO）規則相協調方面，確保 CBAM 的運行符合國際貿易法。

CBAM 的實施還將取決於歐盟與國際社會之間的合作。這一機制可能引發其他貿易夥伴的抵制或抗議，因此與各國政府進行建設性的對話和談判為首要條件。經由合作，歐盟可以推動全球範圍內的氣候行動，鼓勵更多國家採取類似的減碳措施，從而實現更廣泛的環境保護目標。

總體來說，CBAM 是歐盟在全球氣候政策中邁出的重要一步，其成功與否將影響未來全球氣候治理的方向。這一機制不僅是防止碳洩漏的有效工具，也是推動全球低碳經濟轉型的重要驅動力。只有在克服技術和法律挑戰、加強國際合作的基礎上，CBAM 才能真正發揮其應有的作用，為全球氣候變遷的應對提供強有力的支持。

💡 ISO 14064

ISO 14064 是由國際標準化組織（ISO）發布的一套專門針對溫室氣體管理和減排的國際標準，涵蓋了組織層面和項目層面的管理要求。這些標準旨在為企業和其他組織提供一個系統化的框架，幫助其制定、實施和持續改進溫室氣體管理計劃，以達到減少溫室氣體排放的目標。ISO 14064 標準分為三個部分：

1. **ISO 14064-1**

    針對組織層面，提供了組織如何量化和報告其溫室氣體排放和減排的指南。這部分標準涉及排放源的識別、資料收集與管理、以及排放報告的準確性。

2. **ISO 14064-2**

   針對項目層面,提供了如何量化、監測和報告具體減排項目的溫室氣體排放的指南。這部分標準特別適用於那些專門針對減少溫室氣體排放的專案或活動,並規定了如何評估這些項目的效益。

3. **ISO 14064-3**

   提供了對溫室氣體排放報告和減排項目進行驗證和核實的要求和指導,旨在確保報告的精確度。

經由採用 ISO 14064 標準,企業能夠建立一個系統化的框架來管理其溫室氣體排放。這不僅有助於企業更精確地追蹤和減少碳足跡,還能明顯增強其在環保責任方面的表現,從而在全球市場上提升其品牌信譽和聲譽。

這些標準為企業提供了具體的指導,幫助其應對日益嚴格的環境法規要求,確保企業能夠合法運營。此外,透過符合 ISO 14064 標準,企業在國際貿易中也能獲得明顯的競爭優勢,因為越來越多的全球市場參與者將環保合規視為一個基本要求。

應用 ISO 14064 不僅僅是為了應對當前的法規壓力和市場需求,它還為企業的長期成功奠定了基礎。這些標準支持企業在實現碳減排的同時,推動技術創新和改善流程,從而實現永續發展的目標。透過這種方式,企業不僅能夠履行其社會責任,還能在未來的全球市場中立於不敗之地,保持持久的競爭力。

▼ 碳管理的規範

時程目標	工作內容	依據規範
短期	溫室氣體盤查(碳揭露)	ISO 14064-1(2018 年修訂)
中期	產品生命週期分析(碳足跡估算)	PAS 2050(2011 年修訂) ISO 14067(2018 年修訂)
長期	溫室氣體減量(碳中和)	ISO 14064-2(2019 年修訂) PAS 2060(2014 年修訂)

上表中的規範由國際標準組織(ISO)發布的 ISO 規範及英國標準協會(BSI)發布的 PAS 規範構成,這些規範會根據實際執行需求進行修訂,例如 PAS 2050 和 PAS 2060 分別於 2011 年與 2014 年更新,而 ISO 14064-1、ISO 14064-2、ISO 14067 則分別於 2018 年與 2019 年修訂。這些與時俱進的更新確保了規範能滿足當前環境管理與減碳目標的需求。

ISO 14060 系列溫室氣體標準間之關聯性

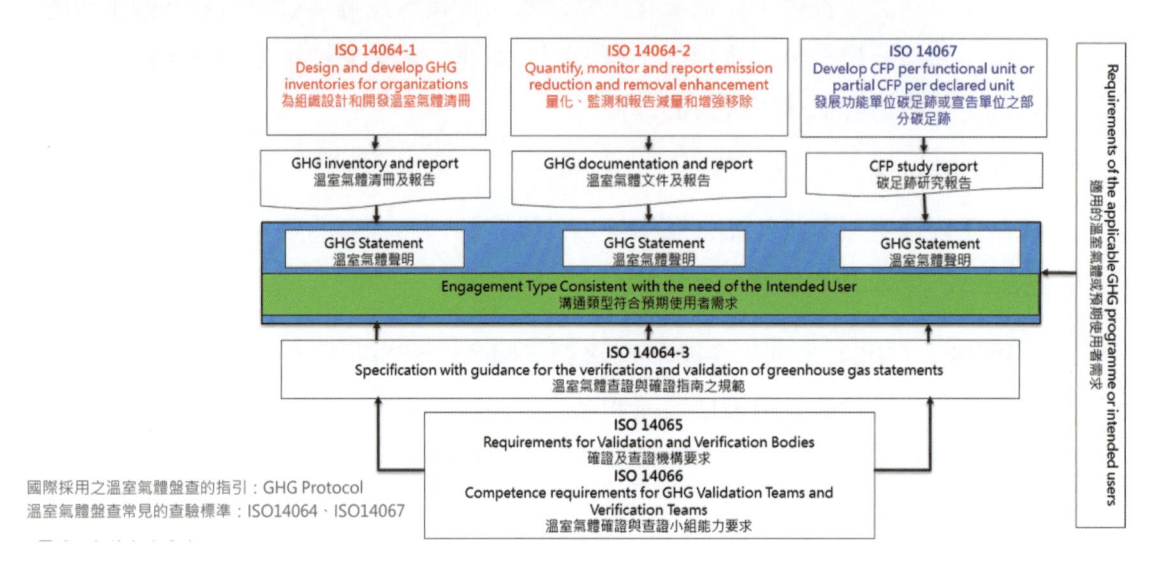

ISO 14064-1	ISO 14064-2	ISO 14067
Design and develop GHG inventories for organizations 為組織設計和開發溫室氣體清冊	Quantify, monitor and report emission reduction and removal enhancement 量化、監測和報告減量和增強移除	Develop CFP per functional unit or partial CFP per declared unit 發展功能單位碳足跡或宣告單位之部分碳足跡
GHG inventory and report 溫室氣體清冊及報告	GHG documentation and report 溫室氣體文件及報告	CFP study report 碳足跡研究報告
GHG Statement 溫室氣體聲明	GHG Statement 溫室氣體聲明	GHG Statement 溫室氣體聲明

Engagement Type Consistent with the need of the Intended User
溝通類型符合預期使用者需求

ISO 14064-3
Specification with guidance for the verification and validation of greenhouse gas statements
溫室氣體查證與確證指南之規範

ISO 14065
Requirements for Validation and Verification Bodies
確證及查證機構要求

ISO 14066
Competence requirements for GHG Validation Teams and Verification Teams
溫室氣體確證與查證小組能力要求

Requirements of the applicable GHG programme or intended users
應用的溫室氣體或預期使用者需求

國際採用之溫室氣體盤查的指引：GHG Protocol
溫室氣體盤查常見的查驗標準：ISO14064、ISO14067

▲ 經濟部產業發展署

新版標準的發布為環境永續相關的 ISO 標準帶來了新機遇，尤其是 ISO/IEC 17029:2019 作為高階架構標準，在全球推動淨零排放和環境永續發展的背景下，各國擴大了其在環境永續相關規範中的應用範圍。

案例解析：ISO/IEC 17029:2019、ISO 14065:2020、ISO 14064-3:2019 轉換規定

新版標準的發布為環境永續相關的 ISO 標準帶來了新機遇，尤其是 ISO/IEC 17029:2019 作為高階架構標準，在全球推動淨零排放和環境永續發展的背景下，各國擴大了其在環境永續相關規範中的應用範圍。

目前，ISO/IEC 17029、ISO 14065 和 ISO 14064-3 這三項標準的轉換期程不一致，這對於查驗機構在短期內分次執行標準轉換會造成行政負擔，並增加認驗證人力的壓力。為了減輕這些壓力，我們在不違反 IAF 決議事項轉換期限的前提下，規劃同時受理 ISO/IEC 17029:2019、ISO 14065:2020 及 ISO 14064-3:2019 的轉換申請。為此，我們於 2021 年 6 月 29 日發布了「認證作業通報 58（TAF-VB-L58）」，以明確規定三份標準的轉換期程及相關評鑑作業。

一、轉換期程規定

三項標準的轉換期程統一訂於 2023 年 4 月 30 日。特別需要注意的是，ISO 14065:2020 需與 ISO/IEC 17029:2019 搭配使用，因此申請 ISO 14065:2020 轉換的機構，必須同時提出 ISO/IEC 17029:2019 的認證申請。

二、適用對象

本次標準轉換適用於已獲本會認證或正在申請中的確證與查證機構，主要針對本會自願性溫室氣體或碳足跡方案的認證機構。

三、標準轉換評鑑作業

- 轉換申請：確證與查證機構應於 2022 年 4 月 30 日前向本會提出轉換申請，並提交轉換計畫及相關資料。轉換評鑑可在年度監督、增列或延展評鑑時一同辦理，或另行辦理額外評鑑。
- 見證評鑑：轉換評鑑需進行見證評鑑，並需在完成總部評鑑的不符合事項矯正後，才能進行。
- 評鑑方式：以現場評鑑為原則，若採用遠端評鑑，可能會在文件審查或後續評鑑中增加人天數。

> 提示！
>
> 相關通報文件可於網站的「認證方案」中查閱。
>
> 本次轉換作業規定不適用於行政院環保署的溫室氣體確證與查證方案、碳足跡方案，以及「國際航空業碳抵換及減量計畫（CORSIA）」認證方案。
>
> 已開始制定相應規範和方案。企業面臨這一趨勢，也積極制定應對策略。本會將繼續關注最新資訊，提升認驗證效益，並與國際接軌，協助我國在環境永續發展中的競爭力。（https://www.taftw.org.tw/report/2021/42/rule/）

5-2 台灣碳排放政策和法規

台灣在碳淨零政策

台灣在碳淨零政策方面已經採取了多項具體措施，以應對氣候變遷並實現碳中和目標。這些措施涵蓋了多個領域，從能源轉型、技術創新，到政策法規的制定與國際合作，台灣正以積極的態度迎接碳淨零的挑戰。

1. **能源轉型方面**：在能源轉型方面，台灣致力於增加可再生能源的比重，減少對化石燃料的依賴。政府推動太陽能和風能等綠色能源的發展，並透過法規和激勵措施促進企業和家庭使用清潔能源。

2. **推動技術創新**：台灣積極推動技術創新，鼓勵企業投資於節能減碳技術的研發和應用。這些創新措施不僅有助於降低碳排放，還能提升產業競爭力，推動經濟向綠色發展轉型。

3. **在政策法規方面**：台灣制定了多項環保法規和減碳目標，並設立了碳定價機制，以引導市場行為，推動企業減排。此外，政府還積極參與國際氣候合作，學習並引進國際先進的碳管理技術和經驗。

綜合這些措施，台灣正朝著 2050 年碳中和的目標邁進。這些政策的實施不僅彰顯了台灣在全球氣候行動中的責任感，也為未來的永續發展奠定了堅實的基礎。

台灣主要的碳淨零政策及相關措施

1. 碳淨零目標
   - 2050 碳中和目標：台灣政府在 2021 年宣布了 2050 年達成碳中和的目標，並提出了具體的實施路徑。
   - 2030 年中期目標：設定了 2030 年的碳減排目標，即相較於 2005 年的排放量，減少 20% 的溫室氣體排放。

2. 再生能源發展
   - 再生能源比例提升：台灣積極推動再生能源的發展，目標是到 2025 年再生能源發電量佔總發電量的 20%。主要包括太陽能和風能等再生能源的發展。
   - 投資再生能源基礎設施：政府投入大量資源建設再生能源基礎設施，促進再生能源技術的商業化應用。

3. 能源轉型
   - 逐步淘汰煤電：台灣正逐步淘汰燃煤發電，轉向天然氣發電和再生能源，以減少溫室氣體排放。
   - 天然氣發電過渡：作為過渡性能源，天然氣在台灣的能源結構中佔有重要地位，並將持續提升其比例，以取代高污染的燃煤發電。

4. 碳定價機制
   - 碳費與碳交易：台灣正在研究和推行碳定價機制，包括碳稅和碳交易系統，透過經濟手段激勵企業減少碳排放。
   - 碳稅：碳稅的設計將考慮企業的排放量，逐步實施以降低經濟衝擊。

5. 低碳運輸
   - 推動電動車普遍性：政府推出一系列政策，促進電動車的發展，包括補貼、稅收優惠和充電基礎設施的建設。
   - 公共交通提升：提升公共交通系統的效能，增加其使用率，並促進低碳交通工具的發展。

6. 綠色建築
   - 推廣綠建築標準：政府推動新建築物採用綠建築標準，並鼓勵現有建築進行節能改造。
   - 節能政策：在建築節能方面，政府制定了相關政策，要求新建住宅和商業建築符合更高的節能標準。

7. 工業減碳
   - 工業節能：推動工業領域的節能措施和技術升級，如能源管理系統、廢熱回收利用和高效設備的應用。
   - 清潔技術推廣：鼓勵企業採用清潔技術和低碳技術，以減少生產過程中的碳排放。

8. 綠色金融
   - 綠色債券發行：支持企業和政府機構發行綠色債券，籌集資金用於再生能源、節能技術和碳減排項目。
   - 綠色投資：推動金融機構將資金投入低碳和永續項目，支持綠色經濟的發展。

9. 教育與宣導
   - 碳中和教育：加強對公眾的碳中和教育，提高國民的環保意識，鼓勵全民參與碳減排行動。
   - 企業培訓：提供企業減碳技術和管理的培訓，幫助企業提升減碳能力。

10. 國際合作
    - 參與國際氣候協議：台灣積極參與國際氣候協議和合作，與全球社會共同應對氣候變遷。
    - 技術和經驗交流：與其他國家和國際組織共享碳減排技術和經驗，推動國際合作。

11. 法規與監管
    - 環保法規強化：修訂和強化現有的環保法規，確保企業和公共部門遵守碳排放標準和減排目標。
    - 監管機制建立：建立健全的碳排放監管機制，定期檢查和評估企業的碳排放情況，並對違規行為進行處罰。

這些政策和措施充分展現出台灣政府對實現碳淨零目標的堅定決心與強大行動力。透過推動全面的能源轉型，台灣正在加速減少對傳統化石燃料的依賴，並大力發展可再生能源。同時，政府積極鼓勵技術創新，促使企業和研究機構在碳減排技術和綠色能源領域中取得突破，以支持長期的減碳目標。

在政策激勵方面，台灣政府透過各類補貼、稅收優惠及法規引導，鼓勵企業和民間社會參與碳減排行動，並促進綠色經濟的發展。此外，台灣也在國際舞台上加強合作，參與全球氣候行動，學習和引進先進的減碳技術與經驗，並在區域和全球範圍內尋求協同合作效應。

綜合這些政策步驟，台灣正穩步朝向 2050 年實現碳中和的目標邁進。這不僅表明了政府的領導力和政策執行力，也體現出台灣在全球應對氣候變遷中的積極角色和貢獻。

TAIWAN 2050

1. 節能
2. 氫能
3. 風電/光電
4. 前瞻能源
5. 電力系統與儲能
6. 碳捕捉利用及封存
7. 運具電動化及無碳化
8. 資源循環零廢棄
9. 淨零綠生活
10. 公正轉型
11. 綠色金融
12. 自然碳匯

案例解析：台灣碳排管制問題之對策研析

一、全球碳排與氣候變遷問題

① 主要國家碳排現況

根據國際能源總署（IEA）統計，2019 年全球二氧化碳排放量達 341.7 億公噸，其中中國排放量 98.26 億公噸，居世界首位。我國每年排放約 3 億公噸，人均 12 公噸，屬高水準。在「2021 年氣候變遷績效指標」（CCPI 2021）中，我國在 61 個國家中排名第 57 名，處於後段班。

② 氣候變遷問題

氣候變遷與全球暖化密切相關，過量溫室氣體（如二氧化碳、甲烷等）導致極端天氣、海平面上升等問題，形成全球性的「氣候危機」，對生命、財產及經濟造成嚴重影響。IPCC 指出，2030 年全球碳排放需減少 45%，2050 年達到淨零碳排，以防止嚴重氣候災難。

二、重要氣候公約

1992 年，聯合國通過《聯合國氣候變化綱要公約》(UNFCCC)，旨在防止氣候系統受人為干擾。1997 年簽署《京都議定書》，引入市場機制促進減排。2015 年，《巴黎協定》通過，目標是將全球升溫控制在工業化前 2 度以下，並提供基金援助受害窮國。

三、全球碳排管制趨勢

① 主要國家管制趨勢

　歐盟、美國、中國、日本、韓國等主要經濟體均已設定 2050 年「碳中和」目標，並陸續推出相關政策。

② 民間企業減碳行動

　RE100 倡議促使企業承諾使用再生能源，許多企業積極響應。歐洲議會通過《碳邊境調整機制》，要求進口商品符合減碳標準，否則需繳納碳稅或購買碳權。

③ 我國碳排放管制現況

　我國通過《溫室氣體減量及管理法》，設立 2025 年、2030 年和 2050 年的減量目標，但進展緩慢，相較於其他國家仍顯不足。

四、碳排管制問題與對策

① 修法落實淨零目標：加速立法，將 2050 年淨零碳排目標轉化為政策，並滾動修正減碳標準。

② 強化碳排管制與策略：成立國安層級小組，制定專法應對氣候變遷，明確規範各級政府與企業責任。

③ 掌握國際趨勢：儘速制定溫室氣體總量管制與排放交易制度，以減少國內產業受國際碳關稅衝擊。

④ 調整能源政策：重新評估並調整能源結構與減碳目標，確保政策落實。

⑤ 扶植綠能產業：推動本土供應鏈形成策略聯盟，促進綠能產業發展。

⑥ 推動碳足跡認證與低碳技術：鼓勵企業取得碳足跡認證，發展低碳技術，推動低碳經濟。

⑦ 提升公民意識與教育：強化氣候教育，提高公民減碳意識與行動力。

⑧ 建立年度報告機制：政府每年發布氣候變遷與溫室氣體管理報告，向國會報告進展，強化監督。

（資料來源：https://www.ly.gov.tw/Pages/Detail.aspx?nodeid=6590&pid=209379）

《氣候變遷因應法》是台灣為應對氣候變遷、推動低碳轉型以及實現碳中和目標而制定的重要法律。該法律旨在強化國內氣候變遷的應對措施，並為政府、企業和社會各界提供明確的指導方針。

《氣候變遷因應法》的詳細介紹

1. **法規背景**
   - **氣候變遷挑戰**：隨著全球氣候變遷加劇，台灣面臨極端天氣、海平面上升和生態系統破壞等多重挑戰。為了有效應對這些挑戰，政府推動了《氣候變遷因應法》的制定與實施。
   - **法規目的**：該法旨在透過法律規範，整合國內的氣候變遷應對措施，推動碳減排、能源轉型和環境保護，最終實現 2050 年碳中和的目標。

2. **主要內容**
   - **減碳目標**
     - **中長期目標**：該法規明確設定了台灣的中長期碳減排目標，包括 2025 年、2030 年和 2050 年的階段性目標。最終目標是在 2050 年實現淨零排放。
     - **部門分工**：各政府部門需根據法規要求制定具體的減碳計劃，並確保各部門協同合作，以達成全國性的碳減排目標。
   - **碳定價機制**
     - **碳稅與碳交易**：《氣候變遷因應法》規範了碳稅和碳交易市場的建立，旨在透過經濟手段激勵企業減少碳排放。政府將逐步推動碳稅制度，並引導企業參與碳交易市場，以達到成本效益的減排效果。
     - **碳排放權交易**：企業可以透過購買和出售碳排放權來滿足自身的減排需求，這一機制將有助於創造市場激勵，推動低碳技術的應用。
   - **能源轉型**
     - **再生能源發展**：該法規促進再生能源的發展，並制定了具體的發展目標，如提高再生能源在能源結構中的比例，減少對化石燃料的依賴。
     - **節能措施**：《氣候變遷因應法》強調了節能減碳的重要性，要求各行業和部門加強節能措施，提升能源使用效率，減少不必要的能源浪費。

- **產業與科技創新**
    - **綠色產業發展**：法律鼓勵和支持低碳產業的發展，推動綠色技術創新，促進傳統產業的綠色轉型。政府將透過政策激勵、補助和技術支持，幫助企業提高減碳能力。
    - **研發與創新**：支持研發低碳技術和創新解決方案，並鼓勵學術機構與企業合作，共同推動氣候科技的發展。
- **社會參與和教育**
    - **公眾參與**：《氣候變遷因應法》強調公眾參與的重要性，鼓勵市民、企業和非政府組織共同參與氣候行動，推動全民的環保意識和行動。
    - **教育與宣傳**：政府將加強氣候變遷教育，推廣低碳生活方式，並且透過各種媒體和教育活動提高社會對氣候變遷的認識和應對能力。
- **應對與調適措施**
    - **災害防治**：該法規要求各級政府制定和實施氣候變遷調適計劃，包括防災減災、基礎設施加固和生態保護等措施，以應對極端天氣和自然災害帶來的風險。
    - **生態保護**：法律規範了對自然生態系統的保護措施，促進生物多樣性，防止氣候變遷對環境造成的負面影響。

3. **執行與監督**
    - **政府部門責任**
        - **中央與地方分工**：中央政府負責制定全國性政策和計劃，地方政府則負責具體執行和監督，確保政策的落實和效果評估。
        - **跨部門協調**：各部門需加強協調與合作，共同應對氣候變遷挑戰，並定期報告進展情況。
    - **法規監督與執行**
        - **定期審查**：該法規要求對碳減排目標和措施進行定期審查和更新，以確保目標的達成。
        - **違規處罰**：對於未能遵守法規要求的企業和個人，法律規定了相應的罰則和處罰措施，以確保法規的公平性。

4. **國際合作**
   - **全球氣候承諾**：台灣積極參與國際氣候談判和合作，承諾達成全球氣候變遷協議的目標，並通過《氣候變遷因應法》與國際社會接軌。
   - **技術與經驗分享**：台灣將與其他國家和國際組織分享氣候變遷應對經驗和技術，共同推動全球減排和環保行動。

5. **未來展望**
   - **持續改進**：隨著氣候變遷形勢的變化，台灣將根據《氣候變遷因應法》的架構，持續改進和調整政策措施，以應對新的挑戰和機遇。
   - **全民參與**：未來的氣候行動需要政府、企業和全體市民的共同努力，只有全社會共同參與，才能實現最終的碳中和目標。

總結

《氣候變遷因應法》為台灣應對氣候變遷和實現碳中和提供了明確的法律框架和行動指南。透過減碳目標的設定、能源轉型的推動、碳定價機制的建立以及全社會的共同參與，台灣正朝著永續發展的未來邁進。

案例解析：台灣碳權交易所 TCX 正式掛牌

碳交易已成為全球氣候行動的核心，了解碳權、碳定價及如何參與碳交易對企業、投資者及環保人士都非常重要。本文將深入探討碳市場運作、台灣碳交易所的角色，以及如何參與碳權交易，揭示碳市場的潛力。

碳權、碳定價與碳交易概念

- 碳權：指企業因減少碳排放而獲得的交易權利，如減少 100 噸碳排放可獲得 100 個碳權，這些碳權可在市場上出售。
- 碳定價：為每噸二氧化碳排放設置價格，以鼓勵企業減少碳排放。
- 碳費與碳稅：政府向企業收取碳排放費用或徵收碳稅，用於支持減碳措施和技術發展。
- 國際碳市場的分類
- 強制性市場：如歐盟排放交易體系，企業需遵守排放上限，多餘碳權可交易。
- 自願性市場：企業自願參與減排計劃並獲得碳權，這些碳權可用於碳中和或碳定價政策。

台灣碳交易所（TCX）的角色

台灣碳交易所於 2023 年 8 月成立，旨在服務企業的減碳需求。它推動碳交易市場，促進私部門投資減碳。

- 現階段服務：
  - 國內外碳權交易
  - 教育與宣導
  - 碳諮詢服務
  - 誰能參與碳交易？
- 碳權賣家：企業可透過減碳專案獲得碳權，並在碳交易所出售。
- 碳權買家：包括受法規管制的排碳大戶及因應國際供應鏈要求自主減碳的企業。

TCX 碳權交易三大板塊

- 國內自願減量額度交易：企業自願減排獲得碳權，可在市場出售。
- 國內增量抵換交易：企業擴展規模需透過碳抵換計劃減少新增排放。
- 國際碳權買賣：企業可在 TCX 購買經認證的國外碳權。

儲能技術雖無法直接獲得碳權，但在未來，隨著減碳措施的推廣，碳市場將持續發展。台灣碳交易所將為企業提供更多支持，應對未來的碳市場挑戰和機遇。

（資料來源：https://www.markreadfintech.com/p/tcx）

5-3 政策對企業的影響

政策帶來的機遇和挑戰

在應對氣候變化和推動永續發展的背景下，政策激勵措施和法規風險管理成為企業必須重視的重要課題。隨著全球各國政府紛紛制定和實施減排目標，企業面臨著前所未有的法規壓力，同時也迎來了技術創新和市場發展的重大機遇。

政策激勵措施是政府為促進減排和環境保護所設立的一系列支持性政策，這些措施可以幫助企業在達成減排目標的同時，享受到各種經濟和技術上的利益。例如：政府可能會提供稅收減免、補貼或低息貸款來鼓勵企業投資於可再生能源、能源效率提升和碳捕捉技術。這些激勵措施不僅降低了企業的減排成本，還推動了創新技術的研發和應用，從而促進了低碳經濟的發展。

然而，隨著政策的不斷變化，企業也面臨著法規風險管理的挑戰。這代表企業必須密切關注相關法規的變動，並即時調整其策略和運營模式，以避免可能的法律和財務風險。例如：如果某國政府突然加嚴碳排放法規，而企業未能及時採取應對措施，可能會面臨罰款、法庭訴訟或市場競爭力下降的風險。因此，企業需要建立完善的合規管理機制，確保其運營活動能夠符合最新的法規要求。

同時，法規風險管理還要求企業積極參與政策制定過程，與政府和利益相關單位保持良好的溝通，從而影響政策走向，減少政策變動帶來的不確定性。透過有效的風險管理，企業不僅可以降低潛在的風險，還可以利用政策激勵措施實現更為穩健和永續的發展。

總體來說，政策激勵措施和法規風險管理是一體兩面的。企業若能有效利用政策提供的機遇，同時管理好法規風險，便能在實現減排目標的同時，獲得長期的競爭優勢和永續發展的動力。

CHAPTER 6

實踐案例分析

6-1 企業碳中和成功案例

中華電信作為臺灣主要的電信服務提供商，積極參與全球碳中和行動，展現了在減碳和永續發展方面的領導力。以下是中華電信在實現碳中和目標過程中的具體作法和成效分析：

▲ 圖片來源：中華電信官網

💡 中華電信的減碳承諾與實踐

加入台灣淨零排放聯盟與承諾目標

中華電信在 2021 年加入了「台灣淨零排放聯盟」，並公開承諾到 2030 年減少 50% 的碳排放，並在 2050 年實現淨零排放的長期目標。這些目標符合《巴黎協定》的溫控要求，也彰顯了中華電信對全球氣候行動的堅定支持。

SBTi 承諾與減碳審查

中華電信已向科學基礎減碳倡議（SBTi）提交了 2050 年淨零排放的承諾，並正在進行減碳目標的審查。根據計劃，中華電信將在 2030 年前實現比 2020 年減少 50% 的碳排放。這一目標將確保公司的減排努力是基於最新的氣候科學，並符合 ICT 產業的具體要求。

減碳計畫的實施

為了實現這些目標，中華電信在資料中心、移動網路、固定網路和辦公大樓等多個領域實施了廣泛的減碳計畫。

具體措施包括：

1. **資料中心**：改善冷卻系統和提升能源使用效率。
2. **移動網路與固定網路**：使用更節能的設備，減少能源消耗。
3. **辦公大樓**：推動節能技術應用，並淘汰高耗能設備。

2023 年碳排放減少成果

透過上述節電措施和設備更新，中華電信在 2023 年實現了比 2020 年基準年減少 9.6% 的碳排放，範疇一和範疇二的總排放量達到 71.4 萬噸。這一結果不僅展示了公司減碳計畫的有效性，也為後續的減排工作奠定了基礎。

未來目標與宣示

中華電信進一步宣示，到 2040 年實現 RE100（全使用可再生能源），並在 2050 年達成 SBT 淨零排放的目標。這些長期承諾展現了中華電信在可再生能源使用和碳中和方面的積極態度。

結論

中華電信的碳中和實踐不僅展示了其對減碳和永續發展的堅定承諾，也為其他企業提供了重要的學習範例。透過明確的減排目標、嚴格的審查流程和有效的實施措施，中華電信為臺灣乃至全球的企業樹立了推動碳中和的積極典範，並在全球氣候行動中發揮了領導作用。

> **提示！**
>
> **RE100** 是一項由國際非營利組織「氣候組織」（The Climate Group）與碳揭露項目（CDP）共同發起的全球倡議，旨在推動世界各地的企業承諾 100% 使用可再生能源。這一倡議的目標是促使企業加速轉向可再生能源，從而減少溫室氣體排放，支持全球應對氣候變遷的努力。

💡 成功案例的關鍵因素

高數位化國家的通信產業在全球範圍內對數位賦能減碳的效益達到 729.5 百萬 t-CO2e，其中臺灣的貢獻為 29.5 百萬 t-CO2e。以中華電信在臺灣市場的市佔率計算，該公司在 2021 年協助臺灣減碳達 12.36 百萬 t-CO2e，這一數字相當於台北市一整年的碳排放量。

中華電信透過應用先進的數位技術（例如：5G、AI、大數據等），大幅最佳化了能源使用效率，從而實現了明顯的碳減排效果。這些技術不僅提升了通信服務的效能，還在智慧城市、智慧電網、遠程工作等領域廣泛應用，進一步推動了全社會的低碳轉型。

中華電信的數位化技術在節能減碳方面的成功案例，突顯了高數位化國家通信產業在全球碳減排中所能發揮的重要作用。這些技術的應用不僅有助於實現企業的永續發展目標，也為臺灣在全球減碳努力中做出了積極貢獻。

（2022 中華電信永續報告書）

短期
- 範疇一、二
  2024 年較 2020 年減量 10.1%
- 範疇三
  2024 年較 2021 年減量 7.5%

中期
- 範疇一、二
  2030 年較 2020 年減量 50%
- 範疇三
  2030 年較 2021 年減量 25%
- IDC 機房 100% 使用再生能源

長期
- 範疇一、二
  2040 年較 2020 年減量 95%
- 範疇三
  2045 年較 2021 年減量 90%
- 達成淨零排放

▲ 中華電信官網

案例解析：台積電減少原物料包材用量，減碳約 1.2 萬公噸

台積電在推動環境永續和品質管理方面展現出明顯的成就，透過多項創新舉措減少碳排放和廢棄物，並強化供應鏈管理。

首先，台積電啟動了低環境負擔的晶圓包裝袋計畫，成功減少了原物料包材的使用量。截至今年 8 月，該計畫已經減少了約 1.2 萬公噸的碳排放和 45 公噸的廢棄物，相當於 31 座大安森林公園一年二氧化碳的吸附量。這一計畫由資材供應鏈管理處、製造材料品質可靠性部和先進分析暨材料中心協同合作，透過對包材的減量、再利用和循環使用進行評估，實現了資源的永續利用。

在具體實踐中，台積電針對研磨墊包裝盒、記憶體包裝袋、矽晶圓運送箱封膜和晶圓盒包裝袋等四種包材，與供應商合作進行材質和規格的改善，以達到友善環境的目的。展望未來，台積電計劃進一步最小化廢棄物產出，最大化資源循環利用，並加強監控廠商管理，擴大資源使用效益，打造綠色低碳供應鏈。

台積電也在空氣污染防制設備方面進行改善，成功提升了細懸浮微粒（PM2.5）和鹽酸氣體的削減效率，達到 86% 和 87%。這些改進措施已經在晶圓 15B 廠和 18B 廠中實施，並將成為未來新建廠區的標準設計，確保半導體技術的發展與環境永續相互相容。

在品質管理方面，台積電以「定義、融入、獎勵、分享、輔導、驅策」六大面向推動品質文化，並將其融入日常營運。截至 8 月，台積電已在新人訓練中加入品質文化課程，培育了超過 7 千名新進員工，強化其對品質和企業核心價值的認知。此外，透過「品質學院」分享平台，台積電整合多元工具並不斷更新，促進員工之間的交流和品質活動的實踐。

台積電致力於與供應鏈共同進步，鼓勵供應商參與品質改善競賽，並透過台積電供應商永續學院提供品質系列線上課程，無償分享品質工具和方法，進一步推動品質提升，並向社會開放學習資源。

這些舉措不僅展現了台積電在環境永續和品質管理方面的領導力，也為全球企業在這些領域提供了寶貴的經驗和借鑒。

（https://technews.tw/2022/08/31/tsmc-reduces-the-amount-of-raw-materials-and-packaging-materials/）

6-2 不同行業的最佳實踐

行業特定的減排策略

不同的行業在面對碳排放挑戰時，由於運作模式和碳排放來源的差異，需要採取針對性的減碳措施。以下是針對能源行業、交通行業和建築行業的減排策略，這些策略不僅適應了各行業的特點，還為實現永續發展目標提供了有力支持。

1. **能源行業**

    在能源行業，減排的核心策略是指經由可再生能源來替代傳統的化石燃料。隨著太陽能、風能、水力和地熱等可再生能源技術的快速發展，許多能源公司正逐步減少對煤炭、石油和天然氣的依賴。透過增加可再生能源在能源結構中的比例，不僅可以明顯降低碳排放，還能促進能源行業的永續發展。此外，能源行業還致力於提升能源效率，減少能源生產和輸送過程中的損耗。

2. **交通行業**

    交通行業則是主要經由推廣電動車和公共交通來減少碳排放。隨著電池技術的進步和充電基礎設施的完善，電動車正成為取代傳統內燃機車輛的重要選擇。政府和企業紛紛擴大對電動車的支持，包括提供購車補貼、建設充電站和推動相關法規的落實。同時，促進公共交通的發展也是減排的重要手段。透過建設高效的城市軌道交通系統和巴士網絡，可以減少個人車輛的使用，進而降低交通行業的碳排放。

3. **建築行業**

    建築行業的減排策略則集中在綠色建築設計和節能技術的應用上。綠色建築採用可再生能源、改善建築材料和提高建築物的能源效率，來減少其在整個生命週期中的碳足跡。這些建築設計包括高效的隔熱技術、自然採光和通風系統，以及智慧化的能源管理系統。此外，現有建築的節能改造也是減排的重要方向，透過對老舊建築進行升級，使用更高效的照明、供暖和冷卻設備，可以明顯減少能耗和碳排放。

總之，因應不同行業的特點，採取有針對性的減排措施，能夠最大化地發揮減碳效果，為各行業實現永續發展目標提供堅實的保障。能源行業、交通行業和建築行業

作為主要的碳排放來源,它們的成功減排將對全球應對氣候變化的努力產生深遠影響。

💡 合作和協作的成功經驗

成功的減排實踐往往不僅依賴於單一個企業或行業的努力,更需要跨行業的合作與企業聯盟的支持。透過聯合減排項目和共享技術平台等形式,這些合作能夠有效促進資源共享,並最大化減排效果。

跨行業合作是減排實踐中最為重要的一環。不同的行業在技術、資源和知識方面各有所長,經由合作,各行業可以相互學習,截長補短,並共同推動減排技術的創新。例如:能源行業可以與交通行業合作,推動電動車充電基礎設施的建設,從而促進電動車的普遍性。建築行業則可以借助能源行業的技術支持,實現更高效率的能源管理和節能設計。這種跨行業的合作能夠有效降低技術研發和應用的成本,並加快減排技術的推廣。

企業聯盟也是成功減排的重要推動力。在應對全球氣候變化的挑戰中,單一個企業的力量往往有限,經由組建企業聯盟,企業可以集結資源,共同投資於減排技術的開發和應用。這些聯盟不僅可以促進技術的研發,還能在政策倡導、標準制定和市場拓展等方面發揮重要作用。例如:一些企業聯盟專注於推動可再生能源的使用,透過集體採購和資源整合,降低了可再生能源的成本,並提高了其市場競爭力。

聯合減排項目是跨行業合作和企業聯盟的具體實踐形式。這些項目通常涉及多個行業和企業,共同致力於實現特定的減排目標。例如:某些聯合減排項目可能包括在工業園區內推行集中供能和廢棄物回收利用,從而實現園區內的碳排放最小化。這種合作模式使得各方可以共享減排成果,並有效提升項目的整體效益。

共享技術平台也是促進減排的重要工具。這些平台可以匯集來自不同企業和行業的技術、資料和經驗,為企業提供技術支持和解決方案。透過這些平台,企業可以快速獲取最新的減排技術,並將其應用於自身的運營中,從而加速減排過程。技術平台的共享還可以促進標準化和規模化應用,使得減排技術更加普遍性和易於實施。

總而言之,跨行業合作和企業聯盟在減排實踐中發揮著重大作用。透過聯合減排項目和共享技術平台,這些合作不僅有助於資源的有效利用,還能最大化減排效果,從而推動全球向低碳經濟的轉型。

6-3 持續改進與監測

持續改進的方法和工具

在當前全球對環境永續性要求日益增高的背景下,企業必須不斷改進和最佳化其碳管理策略與措施。**PDCA(計劃 - 執行 - 檢查 - 行動)循環**和**六西格瑪**是兩種廣泛應用於持續改進的管理方法,這些工具可以幫助企業在減排過程中實現精實化管理,提升碳管理的有效性。

PDCA 循環是一種系統性的方法,幫助企業透過反覆迭代來改善其運營流程。這一循環包括四個步驟:

1. **計劃(Plan)**

    企業首先需要制定減排策略和具體的行動計劃。在這個階段,企業應該深入分析自身的碳排放來源,確定減排目標,並設計相應的措施來達成這些目標。

2. **執行(Do)**

    在確定計劃後,企業將其付諸實施。這可能包括部署新技術、調整生產流程或改變能源供應模式等。此階段的重點在於將計劃轉化為具體的行動。

3. **檢查(Check)**

    執行後,企業需要評估這些措施的效果,並檢查實際的碳減排成果是否達到了預期目標。透過資料分析和績效評估,企業可以識別出減排策略中的成功點和不足之處。

4. **行動(Act)**

    根據檢查結果,企業決定是否需要對現有策略進行改進或調整。如果需要改進,則進入下一輪的 PDCA 循環,從而在持續迭代中不斷改善碳管理策略。

六西格瑪管理方法

六西格瑪管理方法是另一種強調流程改善和品質管理的工具,目標是指在流程中消除變異,降低缺陷率,從而提高整體效率和品質。在碳管理中,六西格瑪可以幫助

企業透過系統化的方法來識別和消除碳排放管理過程中的問題點，從而實現更精確、更有效的減排效果。

六西格瑪實施的五個步驟（DMAIC）

1. **定義（Define）**

   明確碳管理的目標和項目範圍，並識別影響碳排放的關鍵因素。

2. **測量（Measure）**

   收集並分析與碳排放相關的數據，評估當前流程的效能和變異程度。

3. **分析（Analyze）**

   深入分析資料，找出碳排放過程中的根本原因和瓶頸。

4. **改進（Improve）**

   根據分析結果，設計並實施改進措施，以減少碳排放並改善流程。

5. **控制（Control）**

   在改進措施實施後，持續監控流程，確保改進效果持續並穩定的呈現。

透過應用 PDCA 循環和六西格瑪的管理方法，企業可以建立起一個持續改進的框架，從而在動態變化的環境中不斷提升碳管理的效率。這些方法不僅幫助企業更完善地應對法規和市場的壓力，還有助於在實現碳中和目標的過程中，保持競爭優勢和永續發展的動力。

💡 減排進度和成果的監測

在企業推動減排和碳管理的過程中，關鍵績效指標（KPI）、審計和評估是保證碳管理目標得以有效達成的重要工具。這些方法不僅幫助企業清晰地了解自身在減排方面的進展，還能即時發現問題，並做出相應的調整。

1. **KPI（關鍵績效指標）**

   KPI 是衡量企業在特定目標或領域上表現的核心指標。在碳管理中，設定明確的 KPI 可以幫助企業將抽象的減排目標轉化為具體的可衡量數據。例如：企業可以設定每年二氧化碳排放量的減少百分比、可再生能源的使用比例、能源效率的提升幅度等作為 KPI。這些指標必須具備可量化、具挑戰性但又可實現的特點，才能有效指導企業的減排行動。

透過持續監測這些 KPI，企業可以即時了解自己的減排進度，並與既定目標進行比較。如果發現某些 KPI 未達預期，企業可以即時調整策略，確保最終目標不會受到影響。

2. **審計**

審計是另一個關鍵步驟，幫助企業檢查和驗證其碳管理活動的真實性和有效性。定期進行內部或外部審計，能夠確保企業的碳排放報告準確無誤，並符合相關法規和標準。審計過程通常涉及對企業減排數據、流程和管理系統的全面檢查，從而發現潛在的錯誤或不一致之處。審計結果可以為企業提供改進建議，並提升整個碳管理系統的可靠性。

3. **評估**

評估是審計後的重要環節，企業需要對碳管理的整體效果進行深入分析和反思。評估不僅僅是確認減排目標是否達成，還包括對過程中的策略、方法和資源配置的效果進行綜合評估。透過評估，企業可以更深入地理解哪些措施是最有效的，哪些環節需要進一步改善，從而為未來的碳管理制定更有針對性的策略。

總結來說，KPI、審計和評估是碳管理過程中的三個關鍵環節。透過設定明確的 KPI，企業可以為自身減排設定清晰的目標；經由定期審計，可以確保減排行動的真實且合法性；而透過評估，企業則能從整體上審視和改進碳管理策略，保證在持續改進中實現碳中和的長遠目標。

CHAPTER 7

碳管理工具和資源

7-1 碳足跡計算工具

市場上常見的碳足跡計算工具介紹

在現代企業中，精確計算和管理碳排放是制定有效減排策略的基礎。為此，GHG Protocol 和碳信託計算器等工具提供了標準化的方法，幫助企業準確評估其碳足跡，從而更有效地推動永續發展目標的實現。

1. **GHG Protocol**

    GHG Protocol 是全球最廣泛使用的溫室氣體排放計算標準。由世界資源研究所（WRI）和世界永續發展工商理事會（WBCSD）聯合制定，GHG Protocol 提供了一套詳細的框架，企業可以用來衡量和管理其溫室氣體排放。這個框架將排放源分為三個範疇（Scope 1、Scope 2 和 Scope 3），涵蓋了直接排放、能源使用間接排放以及供應鏈和其他間接排放。經由這一框架，企業可以全面了解其碳排放情況，從而識別出關鍵的減排機會並制定針對性的策略。

    例如：Scope 1 涵蓋企業自身運營過程中產生的直接排放，例如：燃料燃燒和工業過程中的排放；Scope 2 則涵蓋企業購買的電力、蒸汽、供熱和冷卻過程中的間接排放；Scope 3 則涉及企業供應鏈上下游的間接排放，包括產品使用和廢棄後的排放等。透過全面覆蓋這三個範疇，GHG Protocol 幫助企業識別和計算其全範圍的碳足跡，為減排策略的制定提供了科學依據。

2. **碳信託計算器（Carbon Trust Calculator）**

    碳信託計算器（Carbon Trust Calculator）是另一個強大的工具，為企業提供了一個簡便易用的平台來計算和分析其碳排放。這個計算器基於最新的碳排放因子和數據，允許企業輸入具體的活動數據，例如：能源消耗、交通運輸和廢棄物處理等，從而產出詳細的碳足跡報告。這些報告不僅展示了企業的總排放量，還細分了各種活動的排放貢獻，幫助企業識別出主要的碳排放源。

    透過使用碳信託計算器，企業可以更精確地追蹤其減排進展，並根據實際數據調整減排策略。例如：如果企業發現某些生產環節的碳排放特別高，它們可以針對這些環節進行技術升級或流程改善，以實現更大的減排效果。碳信託計算器還可以幫助企業進行場景分析，評估不同減排措施的潛在影響，從而做出最具經濟效益的決策。

總結來說，GHG Protocol 和碳信託計算器等工具為企業提供了計算和管理碳排放的標準化方法，這些工具的應用使得企業能夠精確掌握其碳足跡，並制定有效且可行的減排策略，最終推動企業向碳中和目標邁進。

案例解析　Carbon Calculator 神碳計算機

▲ 提供企業數位化的顧問式碳盤查，無痛完成企業碳管理

在全球氣候變遷的強烈衝擊下，企業碳管理已成為最受重視的議題之一。隨著國際規範和客戶對零碳排放的要求日益增強，國際大型企業紛紛透過全球產業供應鏈體系，要求製造商進行組織溫室氣體盤查、產品碳足跡計算，並公開其產品的碳資訊。這些措施不僅是企業履行環境責任的一部分，也是應對市場和法律要求的必要步驟。透過這些努力，企業能夠更有效地管理其碳排放，減少對環境的影響，並在全球推動永續發展的進程中保持競爭力。

組織溫室氣體盤查是企業碳管理的基礎，精確的碳排放計算對於制定有效的碳管理策略最為重要。神碳計算機將為企業提供組織碳盤查計算工具，並支持基準年的設定，從而幫助企業展開短期、中期和長期的碳管理規劃。透過這一工具，企業可以系統地追蹤和管理其碳排放，確保其減排行動符合國內外的法律規範和市場要求，以及企業自身的節能減碳目標。這不僅有助於企業在碳管理方面取得進展，還能提升其在永續發展中的競爭力。

（https://www.pwc.tw/zh/products/carbon-calculator.html）

GHG Protocol

GHG Protocol（溫室氣體盤查議定書）是全球最廣泛使用的溫室氣體（GHG）排放計量和管理標準，由世界資源研究所（WRI）和世界永續發展工商理事會（WBCSD）共同開發。GHG Protocol 為企業、政府和其他組織提供了一套一致的方法，用於計算和報告溫室氣體排放，幫助實現減碳目標並提高透明度。

GHG Protocol 的主要組成部分

1. **企業價值鏈（範圍 1、2 和 3）標準**
   - 範圍 1（Scope 1）：直接排放，包括組織擁有或控制的資產燃燒燃料、工藝排放和車輛使用等產生的排放。
   - 範圍 2（Scope 2）：間接排放，主要來自購買的電力、蒸汽、供熱和冷卻等產生的排放。
   - 範圍 3（Scope 3）：其他間接排放，包括供應鏈上下游的活動，例如：原材料採購、產品使用和處置等。

2. **城市和社會範圍標準**
   為城市和地區政府提供計算和報告其管轄範圍內溫室氣體排放的方法，包括能源使用、廢棄物管理和交通等領域。

3. **產品和供應鏈標準**
   為企業提供方法，用於評估和報告單一產品或整個供應鏈中的溫室氣體排放，包括產品生命周期內的排放。

4. **農業、林業和其他土地使用（AFOLU）標準**
   Agriculture, Forestry, and Other Land Use（AFOLU）提供方法計算。來自農業、林業和土地使用變化的溫室氣體排放，涵蓋土地管理、作物生產、牧場和森林活動。

GHG Protocol 的五大核心原則

1. **完整性（Completeness）**
   確保所有相關的溫室氣體排放源都被計算和報告，包括所有範圍 1、範圍 2 和範圍 3 的排放。

2. **一致性（Consistency）**

   採用一致的方法，確保不同時間和不同組織之間的排放數據可比，便於跟蹤和分析排放趨勢。

3. **透明性（Transparency）**

   清晰的披露排放計算的所有方法、數據和假設，確保報告過程和結果的透明性。

4. **準確性（Accuracy）**

   盡量提高排放數據的準確性，減少不確定性，確保報告資料的可信度。

5. **保守性（Conservativeness）**

   在面臨數據不確定性時，採取保守的估算方法，避免低估排放數量。

GHG Protocol 的應用

1. **企業層面**
   - 幫助企業識別和量化其溫室氣體排放來源，制定減排目標和策略，提升環境管理能力和永續發展形象。
   - 提供一致的方法，便於企業間的排放數據對比，促進透明度和市場信任。

2. **政府層面**
   - 為政府制定和實施氣候政策和目標提供資料支持，幫助追蹤和評估政策效果。
   - 提供一致的方法，促進各地區和國家之間的資料比較和國際合作。

3. **金融層面**
   - 幫助投資者評估企業的氣候風險和機會，支持綠色金融和永續投資決策。
   - 提高企業的環境、社會和治理（ESG）表現透明度，吸引更多付責任的投資。

4. **社會層面**
   - 增加公眾對企業和政府溫室氣體排放和減排行動的了解，促進公眾參與和支持。
   - 提升企業和政府的社會責任形象，推動全社會共同應對氣候變化。

GHG Protocol 的發展趨勢

1. **數位化和自動化**

   隨著物聯網、大數據和人工智慧技術的發展，排放數據的收集和分析將變得更加自動化和精確，從而明顯提升報告的準確性。物聯網技術能夠即時監測和收集各種排放源的資料，大數據技術則可對大量數據進行高效處理和分析，識別排放趨勢和潛在問題。人工智慧則能進一步改善數據分析過程，提供更精確的預測和決策支持。這些技術的融合將使企業能夠更及時地掌握其碳排放狀況，並提供精確、可靠的資料支持，以滿足國內外碳排放報告的要求，推動企業達成其減排目標。

2. **行業標準化**

   推動各行業制定具體的溫室氣體排放標準和指南，是有效管理和減少碳排放的重要步驟。這些標準和指南將為各行業提供更加針對性的計算方法和工具，幫助企業準確地量化其碳足跡。具體化的行業標準不僅能提高碳排放計算的一致性，還能為企業提供清晰的減排目標和實施路徑。

   透過這些行業標準和指南，企業可以更有效地制定和實施碳管理策略，確保其碳減排行動與行業最佳實踐和國際要求保持一致。這不僅有助於提升企業在國際市場中的競爭力，也為全球氣候目標的實現提供了更堅實的基礎。

3. **國際合作**

   加強全球範圍內的合作與交流，共享最佳實踐和技術，是推動全球溫室氣體排放減少的重要方式。透過國際間的協作，各國可以相互借鑒成功的減排策略，並共同開發和應用創新技術，加快碳減排進程。這種合作不僅能提高各國應對氣候變化的能力，還能確保全球減排行動的協調一致。

   共享最佳實踐和技術將有助於消除各國在減排過程中面臨的技術障礙，並推動更加有效的政策實施。透過共同努力，全球社會可以更快實現減排目標，減少溫室氣體排放對地球環境的影響，並為未來的永續發展奠定基礎。

4. **政策支持**

   各國政府將更多地依賴 GHG Protocol 標準，制定和實施國家和地區的氣候政策和法規。

GHG Protocol 作為全球公認的溫室氣體排放計算和報告標準工具，在推動全球減排目標的實現中扮演了關鍵角色。這一標準化工具提供了統一的計算方法，使得各國政府、企業以及其他組織能夠以一致的方式量化和報告其溫室氣體排放，從而確保全球氣候資料的可對比性。

透過 GHG Protocol，企業和組織能夠精確地識別其排放來源，包括範疇 1（直接排放）、範疇 2（間接排放，主要來自購買的電力、熱力和蒸汽）和範疇 3（其他間接排放，涵蓋供應鏈和使用階段的排放）。這種詳細的分類使得排放管理更加精細化，幫助組織針對不同範疇的排放採取具體的減排措施。

GHG Protocol 的透明報告機制增強了外部監管和公眾監督的效力，促使各方更加負責任地應對氣候變化挑戰。透過一致的報告標準，利益相關者能夠更準確地評估企業和組織的環境績效，並推動其改進減排策略。

總體來說，GHG Protocol 不僅為全球溫室氣體管理提供了技術支持，還促進了國際社會在減排方面的合作，為應對氣候變遷和實現碳淨零目標奠定了基礎。

碳信託計算器

碳信託計算器（Carbon Trust Calculator）是一種工具，旨在幫助企業、政府機構和個人計算和管理其碳排放量。碳信託計算器通常基於國際公認的標準和方法，如 GHG Protocol，提供簡單易用的界面，便於用戶量化其碳足跡，制定減碳策略，並追蹤減排進展。

碳信託計算器的功能和用途

1. **碳足跡計算**
   - 幫助用戶量化其活動（例如：能源消耗、交通、廢棄物管理等）產生的二氧化碳排放量。
   - 提供範圍 1、範圍 2 和範圍 3 排放的詳細計算，涵蓋直接和間接排放源。

2. **能源和資源管理**
   - 追蹤和分析能源使用情況，識別高能耗區域和節能機會。
   - 提供資源利用效率的建議，幫助用戶實現節能減碳的目標。

3. 減排策略和計劃
   - 幫助用戶制定具體的減排目標和行動計劃，包括能效改進、可再生能源使用和廢棄物減少等。
   - 提供減排潛力分析和預測，支持用戶制定科學合理的減排行動。

4. 報告和合規
   - 產出標準化的碳排放報告，支持企業和機構進行內部和外部披露，滿足法律法規和市場要求。
   - 幫助用戶符合碳排放相關的法規和標準，例如：GHG Protocol、ISO 14064 等。

5. 持續改進和監控
   - 提供即時數據監控和分析，幫助用戶動態跟蹤碳排放情況和減排進展。
   - 提供定期報告和回顧，支持用戶持續改進其碳管理和減排策略。

碳信託計算器的使用步驟

1. 數據收集
   - 收集與碳排放相關的所有數據，包括能源使用（電力、燃氣、燃油等）、交通運輸（車輛、飛行等）、廢棄物處理、產品生命周期等。
   - 確保數據的完整性和準確性，為後續計算提供可靠的基礎。

2. 數據輸入
   - 將收集到的數據輸入碳信託計算器，通常需要按活動類別和時間段進行分類。
   - 核對數據輸入的正確性，確保計算結果的準確。

3. 計算和分析
   - 使用碳信託計算器的內建算法和方法，計算各活動的碳排放量。
   - 分析計算結果，識別主要的碳排放來源和高排放區域，提供節能和減排建議。

4. 報告產出
   - 根據計算結果產出標準化的碳排放報告，包含詳細的排放數據和減排分析。
   - 用於內部管理和外部披露，滿足合規要求和市場期望。

5. 制定減排策略
   - 根據計算和分析結果，制定具體的減排目標和行動計劃，包括技術改進、行為改變和管理措施等。
   - 持續跟蹤和評估減排進展，動態調整策略，確保達到減排目標。

碳信託計算器的優點

1. **提高透明度**
   提供詳細和透明的碳排放數據和報告，增強用戶在市場中的信譽和競爭力。

2. **支持決策**
   透過數據驅動的分析和建議，幫助用戶做出科學合理的減排決策，實現永續發展目標。

3. **簡化合規**
   幫助用戶符合各類碳排放法規和標準，降低合規風險和管理成本。

4. **提升效率**
   自動化的數據收集和分析功能，明顯提高碳管理的效率和準確性。

常見的碳信託計算器工具

1. **Carbon Trust Footprint Calculator**
   由碳信託基金（Carbon Trust）提供的免費工具，適用於企業和個人使用，幫助計算和管理碳排放。

2. **GHG Protocol Tools**
   基於 GHG Protocol 標準的各類計算工具，適用於不同類型的企業和行業，提供詳細的碳排放計算和報告功能。

3. **CoolClimate Calculator**
   由美國加州大學伯克利分校開發的碳足跡計算器，適用於家庭、個人和小型企業，提供簡便的碳排放計算和減排建議。

4. **Carbon Footprint Calculator by the EPA**
   美國環保署（EPA）提供的碳足跡計算器，適用於個人和家庭，幫助用戶了解和減少其碳排放。

碳信託計算器作為一種強大且便捷的工具,對於企業、政府和個人進行碳排放管理和減排行動具有重要意義。透過準確的數據計算和科學的分析建議,用戶得以進一步更了解其碳足跡,制定有效的減排策略,為實現全球碳中和目標做出貢獻。

工具的使用和選擇指南

企業應根據自身需求選擇合適的碳足跡計算工具,並參考具體的使用案例,以了解這些工具的優缺點和應用效果。選擇適當工具時,企業需考慮操作簡便性、計算精度、成本效益以及是否能滿足特定行業需求。透過研究其他企業的使用經驗,企業可以更清楚地了解工具在實際應用中的表現,從而做出更明智的選擇。

推動各行業制定具體的溫室氣體排放標準和指南,提供針對性的計算方法和工具,也有助於提高碳足跡計算的準確性。加強全球範圍內的合作與交流,共享最佳實踐和技術,則能進一步推動全球溫室氣體排放的減少,加速實現碳中和目標。

案例解析　碳盤查計算器　碳排金好算

環境部(EPA)最近推出了一款簡化的溫室氣體(GHG)排放計算器,這是一款專門為小型企業和低排放組織設計的簡易計碳工具。該工具旨在幫助這些組織輕鬆估算其年度溫室氣體排放量,為環保行動提供數據支持。

使用這款計算器,組織可以輸入相關活動數據,如能源消耗、交通運輸等,

碳盤查計算器—碳排金好算網址：https://pj.ftis.org.tw/CFCv2

（資料來源：經濟部產業發展署）

系統會自動計算出其直接和間接的排放量，簡單快捷。這款計算器是 EPA 為幫助低排放組織管理其碳足跡而開發的多種資源之一。

這款計算器也是低排放物清單指南的一部分。該指南旨在幫助低排放組織深入了解其排放源，並提供有關如何量化和報告排放量的詳細指引。除了簡化 GHG 排放計算器之外，指南還包含了其他實用資源，例如：排放因子的計算、排放邊界的定義，以及如何報告排放量等。

7-2 碳管理軟體和平台

功能和特點介紹

碳管理軟體是企業在追求永續發展和碳中和目標過程中的重要工具。這些軟體通常具備多種功能，例如：數據管理、報告產出和減排策略建議等，幫助企業高效管理其碳排放。不同的碳管理軟體在功能、優勢和劣勢上各有不同，企業應根據自身的實際需求來選擇最合適的軟體。

功能

1. **數據管理**

    碳管理軟體通常具備強大的數據管理功能，能夠收集、整理和分析企業運營過程中的碳排放數據。這些數據可能來自於能源消耗、物流運輸、廢棄物處理等多個方面。軟體可以自動化處理這些數據，確保數據的一致性。

2. **報告產出**

    軟體可以根據企業的碳排放數據產出詳細的報告，這些報告通常符合全球各地的環境合規要求，例如：GHG Protocol、ISO 標準等。這不僅有助於企業內部的決策，也能滿足外部監管和披露的需求。

3. **減排策略建議**

   一些高級的碳管理軟體還具備策略建議功能，能夠根據企業的碳足跡和運營數據，提供定制化的減排策略建議。例如：它們可能會建議採用某些節能技術、提高能源效率，或調整供應鏈模式來降低碳排放。

4. **合規管理**

   很多碳管理軟體內建了最新的法規和標準，幫助企業確保其運營活動符合各地環境法規的要求，並即時更新以應對政策變化。

5. **場景分析與模擬**

   這些軟體還可以模擬不同減排措施的潛在影響，幫助企業進行場景分析，從而選擇最佳的減排路徑。

優勢

1. **提高效率**

   碳管理軟體能夠自動化地處理大量的碳排放數據，減少了手動數據處理的工作量，並提高了數據的準確性和處理速度。

2. **綜合分析能力**

   這些軟體通常能夠綜合考慮多方面的因素，提供全面的碳排放分析，幫助企業更有效地理解其碳足跡，並找到減排的重點領域。

3. **合規性保障**

   內建的法規和標準可以幫助企業在複雜的法規環境中保持合規性，避免潛在的法律風險。

4. **決策支持**

   透過減排策略建議和場景模擬，軟體能夠為企業的碳管理決策提供強有力的支持，使得決策更加科學和有依據。

劣勢

1. **成本**

   高級的碳管理軟體通常價格不菲，對於中小企業來說可能會增加運營成本。另外，這些軟體的實施和維護也需要額外的資源投入。

2. **學習曲線**

   企業在引入新的軟體系統時，員工需要時間去適應和學習。對於沒有專門 IT 人員的企業，軟體的部署和使用可能會變得複雜。

3. **數據依賴性**

   碳管理軟體的有效性取決於企業提供的數據品質。如果數據不完整或不準確，軟體的分析結果和建議也會受到影響。

4. **技術支持需求**

   有些軟體可能需要頻繁的技術支持和更新維護，這對於缺乏 IT 資源的企業來說，可能會帶來一定的挑戰。

結論

碳管理軟體提供了強大的功能和工具，幫助企業高效管理碳排放，並實現永續發展目標。企業在選擇碳管理軟體時，應根據自身的規模、需求和資源情況，權衡其功能、優勢和劣勢，選擇最適合的解決方案。這樣才能在成本效益最大化的同時，達成有效的碳排放管理目標。

如何選擇適合的軟體

在選擇碳管理軟體時，企業應該仔細考慮多種標準，以保證所選工具能夠滿足其獨特的需求並提供最大化的價值。以下是一些關鍵的選擇標準，以及如何利用案例研究來做出最佳決策。

選擇標準

1. **功能需求**

   企業首先需要確定自身的碳管理需求，包括數據管理、報告產出、合法性支持、減排策略建議等。根據這些需求，選擇具備相應功能的碳管理軟體。不同軟體在功能上各有側重，企業應選擇最能滿足其特定需求的產品。

2. **使用成本**

   成本是選擇碳管理軟體時的一個重要考量因素。企業應該綜合考慮軟體的購買價格、安裝和實施費用、培訓成本以及後續的維護和更新費用。對於中小企業

來說，效益高的軟體可能更具吸引力，而大型企業可能更重視功能的全面性和長期效益。

3. **用戶評價**

   企業應該查看其他用戶對該軟體的評價，包括軟體的易用性、穩定性和技術支持的品質。用戶評價可以幫助企業了解該軟體在實際應用中的表現，以及廠商在售後支持方面的表現。選擇用戶評價良好且技術支持可靠的軟體，可以減少未來使用中的潛在問題。

4. **擴展性**

   企業應考慮軟體的擴展性，即隨著業務的增長，該軟體是否能夠支持更多的功能和用戶。靈活性也是一個重要因素，企業應選擇能夠根據其特殊需求進行定制的軟體，以適應不同的碳管理情境。

5. **合規性**

   選擇具備最新法規和標準支持的軟體，能夠幫助企業保持合規性，避免法律風險。這包括符合 GHG Protocol、ISO 標準和其他國際規範的報告和管理要求。

案例研究

在做出最終決策之前，企業應該參考其他企業的成功案例，這些案例研究能夠提供寶貴的實踐經驗，幫助企業避免常見的錯誤，並識別最佳的解決方案。

1. **同行業案例**

   研究同一行業內其他企業的碳管理軟體選擇案例，可以幫助企業了解行業特定的需求和挑戰。例如：一家製造業公司可能會注意其他製造業企業如何透過碳管理軟體來管理複雜的供應鏈碳排放。

2. **規模類似的企業案例**

   企業可以參考規模相似的公司如何選擇和實施碳管理軟體，從中學習如何在資源有限的情況下取得最大成效。這些案例可以提供關於成本控制和軟體選擇的重要見解。

3. **多國籍企業案例**

   對於跨國企業，參考其他多國籍企業如何使用碳管理軟體來滿足各地區的不同合規要求，可以提供有價值的國際經驗。這類案例可以幫助企業在全球運營中有效管理碳排放。

4. **技術創新案例**

    研究那些透過創新技術達到減排目標的企業案例，可以啟發企業探索新的減排策略和工具。例如：某些企業經由大數據分析和人工智慧來改善碳管理，這些創新的應用可能為其他企業提供新的思路。

結論

選擇適合的碳管理軟體是一個需要謹慎考量的過程，企業應根據功能需求、使用成本、用戶評價、擴展性和合規性等標準進行評估。透過參考成功案例，企業可以借鑒他人的經驗，避免潛在的陷阱，並選擇最能滿足其長期碳管理需求的軟體。最終，這將有助於企業更加有效地實施碳管理策略，實現永續發展目標。

7-3 資源和參考文獻

相關文章和研究論文

推薦閱讀和參考資料的設置旨在幫助企業和個人深入了解碳管理的最新進展和實踐經驗，進一步提升在這一領域的專業知識和技能。以下是一些相關的文章、研究論文和參考資料：

1. **研究論文與學術文章**

    "Towards Carbon Neutrality: Best Practices for Corporate Carbon Management"（Journal of Cleaner Production）
    本論文分析了全球領先企業的最佳碳管理實踐，並強調了企業實現碳中和的關鍵策略。

    "The Role of Digitalization in Reducing Carbon Emissions"（Environmental Research Letters）
    該研究探討了數位技術如何促進能源效率和碳排放的減少，尤其是在智慧城市和智慧電網中的應用。

"Carbon Disclosure and Its Impact on Investor Decision Making"
（Sustainable Finance Journal）

這篇論文探討了碳揭露如何影響投資者的決策，並揭示了環境資訊透明化對企業聲譽和財務績效的影響。

"Climate Change Adaptation Strategies for Businesses"
（Climate Policy Journal）

本研究強調了企業應如何制定和實施適應氣候變遷的策略，並提供了具體的實踐建議。

2. 行業報告

《全球企業碳中和進展報告》（World Economic Forum）這份報告詳細分析了全球主要企業在實現碳中和目標方面的進展，並提供了前沿案例和技術發展。

《再生能源與企業減碳策略報告》（International Renewable Energy Agency, IRENA）該報告專門討論了再生能源在企業碳中和過程中的作用，並提供了可再生能源的最新技術發展和市場趨勢。

這些文章和資源將有助於企業和個人獲取專業知識，深入了解如何有效實施碳管理策略，並為未來的減碳行動提供指導。

線上資源和學習平台

為了幫助企業和個人不斷提升碳管理知識並與行業專家進行交流，以下是一些推薦的線上資源、MOOC 課程和專業論壇。這些平台可以提供最新的碳管理技術、實踐經驗以及行業討論機會。

1. 網站

- **世界資源研究所（WRI）** – https://www.wri.org

    提供關於氣候變遷、碳管理、能源轉型等多方面的深入研究報告和工具。這裡有豐富的數據庫和指南，供企業和個人參考。

- **碳揭露計畫（CDP）** – https://www.cdp.net

    CDP 是專注於企業和政府的環境影響揭露平台，提供全球碳揭露報告、環境數據和最佳實踐指南。

- 科學基礎減排目標倡議（SBTi）– https://sciencebasedtargets.org

    SBTi 為企業提供設定基於科學的減碳目標的框架和指南，並提供多種資源支持企業實現減碳承諾。

2. MOOC 課程 Coursera

    - The Climate Change and Carbon Footprint Management

        該課程由全球頂尖大學和機構提供，介紹氣候變遷基礎知識、碳足跡計算、以及減少碳排放的策略。

        網址：https://www.coursera.org

    - Sustainability and Corporate Environmental Responsibility

        由永續發展領域的專家講授，課程聚焦於企業如何落實環境責任並實現碳中和目標。

    - edX

        - Energy and Climate Change: Managing Carbon Emissions

            該課程專門探討能源與氣候變遷的交互影響，並介紹減碳技術和策略。

            網址：https://www.edx.org

        - Climate Change: The Science and Global Impact

            此課程介紹氣候變遷的科學基礎和其全球影響，並提供如何應對的建議。

    - FutureLearn

        - Sustainable Energy: Design, Systems, and Strategy

            該課程介紹了能源系統設計以及如何實現永續發展的減碳策略。

            網址：https://www.futurelearn.com

        - Business Strategies for Sustainability

            企業策略導向的課程，專注於永續發展和碳管理的商業實踐。

3. 專業論壇

    - LinkedIn 專業群組

        - Carbon Management & Climate Change Mitigation

            專業群組內的專家和從業者討論碳管理策略、技術和政策的最新進展。

            網址：https://www.linkedin.com/groups/

- ■ Sustainable Business Network

    這個群組聚焦於永續商業策略，包括碳中和和企業減排的實踐經驗。
- Reddit
    - ■ r/Sustainability

        包含豐富的社群討論，圍繞永續發展和碳管理的最新趨勢進行分享和討論。

        網址：https://www.reddit.com/r/Sustainability/
    - ■ r/Climate

        該論壇深入探討全球氣候變遷和碳排放減少策略的討論。
- **GreenBiz 論壇 – https://www.greenbiz.com**

    GreenBiz 是一個專業的永續發展和商業環境網站，提供多種專業論壇，供企業領導者交流永續商業策略和減碳實踐經驗。

這些線上資源、MOOC 課程和專業論壇不僅能幫助學習最新的碳管理知識，還能參與全球範圍內的行業交流，獲取實踐中的寶貴經驗。

參考資料

1. 世界資源研究所 https://www.wri.org/
2. 聯合國氣候變化框架公約 https://unfccc.int/
3. 國際自然保護聯盟 https://iucn.org/
4. 美國環保署 https://www.epa.gov/
5. 世界經濟論壇 https://www.weforum.org/
6. 黃金標準 https://www.goldstandard.org/
7. 自願碳標準 https://verra.org/
8. World Economic Forum
9. UNFCCC
10. 聯合國難民署 (UNHCR) https://www.unhcr.org
11. 國際移民組織 (IOM) https://www.iom.int
12. 綠色氣候基金 (GCF) https://www.greenclimate.fund
13. 世界銀行 https://www.worldbank.org

CHAPTER 8

未來展望

8-1 未來碳管理技術展望

新興技術和創新

隨著全球對碳排放問題的日益關注，傳統的減排技術已經無法完全滿足減少大氣中二氧化碳濃度的需求。為了應對這一挑戰，幾種新興技術逐漸進入碳管理的視野，包括直接空氣捕捉技術（DAC）、藻類碳捕捉技術 以及新型能源技術。這些技術在未來有望成為減少碳排放的重要手段，推動全球向碳中和目標邁進。

1. **直接空氣捕捉技術（Direct Air Capture, DAC）**

   直接空氣捕捉技術是一種先進的碳捕捉技術，旨在從大氣中直接捕捉二氧化碳，這與傳統的碳捕捉技術主要集中在工業排放源不同。DAC 技術使用化學吸收劑或吸附材料來捕捉大氣中的二氧化碳，然後將其分離並儲存或再利用。這一技術的優勢在於，它可以在任何地點部署，並且能夠處理較低濃度的二氧化碳，這使其成為一種靈活的碳管理工具。

   DAC 技術的潛力巨大，因為它不僅可以直接減少大氣中的二氧化碳濃度，還可以與其他減排手段結合使用，如二氧化碳儲存（CCS）或二氧化碳轉化為可再生燃料。然而，目前 DAC 技術面臨的主要挑戰是其能耗較高且成本昂貴，隨著技術的不斷進步和規模化應用，這些問題有望逐步得到解決。

2. **藻類碳捕捉技術**

   藻類碳捕捉技術利用了藻類的自然光合作用能力來捕捉二氧化碳。藻類透過光合作用吸收大氣中的二氧化碳，並將其轉化為生物質。這些生物質可以進一步加工成生物燃料、食品添加劑或其他有價值的產品。藻類碳捕捉技術的吸引力在於其自然、可再生和低成本的特性，並且藻類可以在多種環境中生長，包括非農業用地和海洋環境，這使得該技術具有廣泛的應用潛力。

   藻類碳捕捉技術還具有生態友好的優點，因為藻類不僅能捕捉二氧化碳，還能改善水質，並經由吸收過量的養分來防止水體優養化。這使得藻類碳捕捉技術在環保和碳管理方面具有雙重效益。儘管如此，該技術的商業化應用仍在早期階段，需要進一步的研究和技術改進來提高其可行性。

3. **新型能源技術**

   新型能源技術還提供了一種更加清潔的能源解決方案，這些技術包括氫能、核聚變能、進階的電池儲能技術等。這些技術的共同目標是替代傳統的化石燃料能源，從源頭上減少二氧化碳的排放。例如：氫能技術透過利用綠色氫氣作為能源來替代碳密集型燃料，而核聚變技術則提供了一種潛在的無碳能源，具備巨大的能量密度且無長期放射性廢物。

   新型能源技術還包括進階的儲能解決方案，這些技術可以支持間歇性的可再生能源（如風能和太陽能）的穩定供應，進一步促進能源系統的脫碳化。隨著這些新型能源技術的不斷發展，它們有望成為未來能源系統的核心組成部分，幫助全球減少對化石燃料的依賴，並實現大規模的碳減排。

技術發展趨勢和潛力

在全球減排壓力不斷增大的背景下，新興碳管理技術如直接空氣捕捉技術（DAC）、藻類碳捕捉技術和新型能源技術 展現出極大的發展潛力。這些技術不僅有助於實現碳中和目標，還可能為企業帶來新的商機和競爭優勢。企業在考慮採用這些新技術時，應密切注意其發展趨勢，並進行全面的可行技術和經濟性分析，以評估其應用前景和投資價值。

發展趨勢

1. **直接空氣捕捉技術（DAC）**

   隨著技術進步和規模經濟效應的發展，DAC 技術的成本預計將逐步降低。全球各地的試點項目正在增加，並且越來越多的政府和企業開始投入資金以加速其商業化過程。DAC 的發展趨勢顯示出，未來它可能成為應對難以減排行業（如航空和重工業）碳排放的重要手段。此外，DAC 的靈活性使其能夠在全球多地部署，這為企業提供了多樣化的應用場景。

2. **藻類碳捕捉技術**

   隨著生物技術的不斷進步，藻類碳捕捉技術正在快速發展。研究表明，透過基因改造和培養技術，藻類的二氧化碳吸收效率將明顯提高。同時，藻類產品市場的擴大（如藻類生物燃料、食品添加劑和化妝品原料）也推動了該技術的商業化過程。未來藻類碳捕捉技術可能在農業、海洋保護和城市污水處理等多個領域得到廣泛應用。

3. **新型能源技術**

   新型能源技術（如氫能、核聚變和進階儲能技術）正在全球範圍內快速發展。政府和私營部門正在加大對這些技術的投資力度，目標是替代傳統化石燃料，實現能源系統的全面脫碳。隨著氫能基礎設施的逐漸完善和核聚變技術的穩步推進，這些技術未來有望大規模應用，提供穩定的清潔能源供應，並支持能源密集型行業的減排目標。

技術可行性和經濟性分析

企業在評估這些新興技術的應用前景時，應進行全面的技術可行性和經濟性分析，以保證投資決策的有效性。

1. **技術可行性**

   企業應該評估所選技術在實際應用中的技術成熟度。這包括技術的運行穩定性、效率、可擴展性，以及是否適合企業的特定業務場景。例如：DAC 技術的部署需要考慮能耗和捕捉效率，藻類技術則需要適宜的氣候條件和土地資源。

2. **經濟性分析**

   企業需要評估新技術的經濟可行性，包括初期投資成本、運營成本、潛在收益以及投資回報期。這可以透過成本效益分析（CBA）和投資回報率（ROI）來進行量化。企業還應考慮未來碳市場的動態和政策激勵，這些因素可能會對技術的經濟性產生重大影響。例如：隨著碳價格的上升，使用高效碳捕捉技術的經濟回報可能會明顯提高。

3. **政策和市場風險**

   企業應評估技術應用過程中可能面臨的政策風險和市場風險。例如：政府對碳排放的監管政策可能會影響技術的適用性和成本。此外，市場對新技術的接受度、競爭態勢和技術替代風險也需納入考量。企業應根據風險評估結果制定應對策略，以降低投資風險。

結論

直接空氣捕捉技術（DAC）、藻類碳捕捉技術和新型能源技術是未來碳管理和能源領域的重要創新代表。雖然這些技術目前處於不同的發展階段，但它們展現出巨大的潛力，有望成為實現全球碳中和目標的關鍵支持力量。

隨著技術的逐步成熟與商業化，這些新興技術將可能成為碳減排的重要工具，助力全球應對日益加劇的氣候變化挑戰。在碳管理的前沿領域中，直接空氣捕捉技術和藻類碳捕捉技術提供了高效去除大氣中二氧化碳的方案，而新型能源技術則致力於提供清潔且可持續的能源替代方案。

企業在這些領域應密切關注技術發展趨勢，並積極進行技術可行性分析。透過科學的評估，企業不僅可以掌握技術應用的優勢，還能制定明智的投資決策，從而在未來的低碳經濟中佔據競爭優勢。在此過程中，早期的技術布局與創新應用將成為企業實現永續發展的重要驅動力，並為全球碳中和事業貢獻更多力量。

8-2 碳淨零的社會和經濟影響

碳淨零對社會的影響

實現碳淨零對社會產生的積極影響是多方面且深遠的。減少溫室氣體排放有助於改善環境品質。隨著碳排放的下降，空氣污染將大幅減少，這對城市地區的空氣品質提升最為明顯，從而為自然生態系統的保護和恢復創造了有利條件。

碳淨零的實現將對公共衛生產生積極影響。空氣品質的改善直接降低了因空氣污染引發的呼吸道疾病和心血管疾病的發病率，這不僅能減少醫療系統的負擔，還能提升整體社會的健康水平，增加人們的壽命和提升生活水平。

推動碳淨零還有助於促進社會公平。經由政策設計和社會創新，碳減排行動可以為弱勢社群提供更多就業機會，並確保轉型過程中的利益共享。例如：綠色產業的發展可以為低收入群體創造新的就業機會，並減少能源轉型對他們生活造成的經濟壓力。這有助於縮小社會不平等，促進社會凝聚力和穩定。

總體而言，實現碳淨零不僅是應對氣候變遷的關鍵應對方式，還能為社會帶來廣泛的益處，包括改善環境品質、增進公共健康、以及促進社會公平等，這些都將推動一個更永續、更具包容性的未來。

經濟轉型和新機遇

碳淨零目標的推動將成為經濟轉型的重要動力，促進綠色經濟的增長，並帶來大量的新產業和就業機會。隨著各國加強減碳政策和技術創新，可再生能源產業正快速發展，成為未來經濟的支柱之一。太陽能、風能、地熱能等可再生能源不僅能夠替代傳統化石燃料，還能減少碳排放，為社會提供更清潔、更安全的能源供應。

節能環保產業也在碳淨零的推動下迅速崛起。這一領域涵蓋了從能源效率技術的開發與應用，到廢棄物管理、資源回收利用等多個方面。隨著企業和政府對環保要求的提高，節能環保技術的需求將持續增長，進一步推動該產業的發展。

這些新興產業的發展也將帶來豐富的就業機會。綠色技術研發、可再生能源設施的建設與維護、環保產品的製造與銷售等，都需要大量專業人才的支持。這不僅為勞動市場注入了新的活力，還為各類型的工作者提供了轉型和提升的機會。

整體來看，碳淨零目標的實現將驅動經濟朝著綠色和永續方向發展，創造出眾多新興產業和就業機會，為經濟增長提供新的動力，同時也為社會帶來更美好的未來。

▲ 日產汽車宣布加入 RACE TO ZERO
https://europe.nissannews.com/en-GB/releases/nissan-race-to-zero?selectedTabId=photos#?&&

綠色經濟

綠色經濟（Green Economy）是一種為提高人類福祉和社會公平，同時明顯減少環境風險和生態匱乏的經濟模式。它強調永續發展，平衡經濟增長、環境保護和社

會發展,以實現長期的繁榮。綠色經濟涵蓋了各個經濟部門,包括能源、交通、農業、製造業和服務業。

綠色經濟的核心原則

1. **環境永續性**
   - 減少污染和溫室氣體排放,推動清潔技術和可再生能源的使用。
   - 保護和恢復生態系統,維護生物多樣性和自然資源。

2. **經濟效益**
   - 創造綠色就業機會,促進經濟增長和創新。
   - 提高資源利用效率,實現循環經濟,減少浪費。

3. **社會公平**
   - 確保所有社會成員公平分享經濟增長的成果,減少貧富差距。
   - 促進社會包容,提供教育和培訓,提升綠色技能。

綠色經濟的主要領域

1. **可再生能源**
   - 風能、太陽能、水力發電和生物能等清潔能源技術的開發和應用。
   - 推動能源效率,減少對化石燃料的依賴。

2. **綠色交通**
   - 促進電動汽車、公共交通和非機動交通(例如:自行車和步行)的發展。
   - 提高燃料效率,減少交通部門的碳排放。

3. **綠色建築**
   - 採用節能和環保建材,推動建築物的能效提升和可再生能源應用。
   - 設計和建造符合永續發展標準的建築物,降低能源消耗和碳足跡。

4. **循環經濟**
   - 促進廢物的回收再利用和資源的循環利用,減少廢棄物產生。
   - 推動產品設計和生產過程的綠色轉型,延長產品使用壽命。

5. **綠色農業**
   - 採用有機農業和綠色農業技術,減少化肥和農藥的使用。
   - 促進農業生態系統的永續管理,提高農產品的品質和安全性。

綠色經濟的挑戰

1. **政策和法規支持**
   - 需要政府制定和實施支持綠色經濟發展的政策和法規,例如:補貼、稅收優惠和環保標準等。
   - 國際合作和協調,推動全球範圍內的綠色經濟發展。

2. **技術和資金**
   - 需要大量的技術創新和研發投入,以推動清潔技術和可再生能源的發展。
   - 提供充足的資金支持,包括公共和私營部門的投資,以促進綠色經濟項目的實施。

3. **公眾意識和行動**
   - 提高公眾對綠色經濟和永續發展的認識,鼓勵個人和企業採取綠色行動。
   - 提供教育和培訓,提高綠色技能和知識,支持勞動力的綠色轉型。

4. **經濟和社會影響**
   - 確保綠色經濟轉型過程中的公平性,減少對弱勢群體和行業的負面影響。
   - 管理經濟轉型的過渡期,確保穩定的經濟增長。

發展趨勢

1. **全球合作**
   隨著氣候變化和環境問題的加劇,全球各國將加強合作,共同推動綠色經濟的發展。

2. **技術創新**
   清潔技術和可再生能源技術將繼續快速發展,成為推動綠色經濟的重要動力。

3. **企業責任**
   越來越多的企業將承擔環境和社會責任,採取綠色經營和永續發展策略。

4. 金融支持

　　綠色金融和永續投資將成為主流，推動更多資金流向綠色經濟項目和企業。

綠色經濟作為永續發展的重要路徑，將在未來的全球經濟中發揮越來越重要的作用。透過技術創新、政策支持和國際合作，綠色經濟有望實現經濟增長、社會進步和環境保護的多方結合，為實現全球永續發展目標做出貢獻。

> **補充　2050 淨零排放**
>
> 　　農業碳匯與溫室氣體排放的盤點日益重要，建立農業溫室氣體排放的基礎資料將是實現農業減排增匯的關鍵步驟。透過這些基礎數據，農業部門可以精確了解各種栽培和管理方式對碳排放和碳吸收的影響，進而採用更具效益的技術和方法來減少排放、增加碳匯。
>
> 不同的栽培管理方式，如保護性耕作、有機農業、合理的肥料和水資源管理，都有助於降低溫室氣體排放和增加土壤碳儲量。這些數據的收集和分析不僅能幫助制定更具針對性的減排策略，還能推動農業的永續發展，為全球碳減排目標做出貢獻。
>
> 如何達到淨零排放
>
> （能源排放 煤炭、石油、天然氣 ＋ 非能源排放 工業製造、農業、廢棄物）－（負碳技術 利用碳捕集封存、再利用（CCS、CCUS）＋ 自然碳匯 森林碳匯、海洋吸附）＝ 0
>
> ▲ 圖片資料來源：https://www.go-moea.tw/

8-3 各方協力實現碳中和

政府、企業和個人的角色

實現碳中和是一項龐大而複雜的任務，這不僅僅依賴於單一個體或組織的努力，而是需要政府、企業和個人等多方的共同參與和合作。各方必須制定並實施具體的行動計劃，分擔責任，協力應對全球氣候變化的挑戰。以下是對各方責任和行動計劃的具體說明。

政府

1. **責任**

   政府在實現碳中和過程中承擔著制定政策、推動法律和監管框架、提供資金支持和引導社會轉型的重責。作為政策制定者和社會管理者，政府的決策將直接影響碳減排的速度和效果。

2. **行動計劃**

   制定和實施減排政策：政府應制定清晰的碳中和目標和路線圖，並推動相關減排政策的落實，例如：碳稅、碳交易制度、能源效率標準和可再生能源激勵措施等。

   - 投資綠色基礎設施：政府應投資於可再生能源、公共交通、智慧電網和其他綠色基礎設施，以支持低碳經濟的發展。
   - 推動國際合作：政府應積極參與國際氣候協議，推動全球碳減排合作，並支持發展中國家和地區的氣候行動。
   - 公眾教育和宣傳：政府應加強氣候變化和碳中和的公眾教育，提升全社會的環保意識，並鼓勵綠色消費和行為轉變。

企業

1. **責任**

   企業作為碳排放的主要來源之一，在實現碳中和的過程中具有關鍵作用。企業不僅要減少自身的碳足跡，還應透過創新和技術進步推動整個行業的轉型。

2. **行動計劃**

   - 制定碳中和策略：企業應設定具體的減排目標，並制定全面的碳管理策略，涵蓋從能源使用、供應鏈管理到廢棄物處理等各個方面。
   - 投資清潔技術：企業應加大對可再生能源、節能技術、碳捕捉與儲存技術等領域的投資，以減少碳排放並提高能源效率。
   - 供應鏈管理：企業應確保其供應鏈的碳排放得到有效管理，經由選擇低碳供應商和改善物流，實現全面的碳減排。
   - 透明度和報告：企業應定期披露其碳排放數據和減排進展，並透過永續發展報告和其他形式向利益相關方展示其環保承諾和行動。

個人

1. **責任**

    個人作為消費者和社會成員,也在碳中和過程中扮演著重要角色。每個人的行為選擇都會對整體碳排放產生影響,因此個人必須肩負起環保的責任,做出綠色生活。

2. **行動計劃**

    - 綠色消費:個人應選擇低碳產品和服務,支持可再生能源和環保品牌,並減少過度消費和浪費。

    - 減少能源使用:個人在日常生活中應積極節約能源,例如:使用節能電器、減少不必要的電力消耗,以及合理調控家庭空調溫度。

    - 推廣永續生活方式:個人應考慮減少碳足跡的生活方式選擇,如乘坐公共交通、騎自行車或步行替代開車,選擇當地生產的食品,並減少食物浪費。

    - 教育和倡導:個人應積極參與環保宣傳,影響身邊的家人和朋友,共同推動低碳生活方式的普遍性。

結論

實現碳中和需要政府、企業和個人共同承擔責任,各方制定並實施相應的行動計劃,共同應對氣候變化挑戰。政府透過政策引導和基礎設施投資創造有利環境,企業則經由技術創新和管理措施實現減排,個人則從消費和生活方式入手,共同推動綠色轉型。唯有各方攜手合作,才能在全球範圍內實現碳中和目標,保護我們的地球。

協力和共同行動的重要性

在實現全球碳中和的過程中,國際合作和公共與私營部門的協力發揮極為重要的作用。由於氣候變化是全球性問題,單靠某一國家或某一行業的努力無法達成整體目標。因此,跨國減排協議、企業聯盟以及公私合作項目等合作形式成為推動碳中和的重要途徑。

1. **國際合作**

    是指應對氣候變化和實現碳中和的核心策略之一。隨著氣候問題日益嚴峻,全球各國開始透過多邊協議和合作框架來共同應對這一挑戰。

2. **跨國減排協議**

   這類協議如《巴黎協定》是全球應對氣候變化的重要里程碑。根據《巴黎協定》，各國承諾根據各自的國家自主決定貢獻（NDCs），努力將全球升溫控制在 2 攝氏度以內，並努力將升溫控制在 1.5 攝氏度以內。這些跨國協議透過建立共同目標，促進各國採取協調一致的減排行動，並鼓勵先進國家向發展中國家提供資金、技術和能力建設支持。

3. **國際碳市場**

   國際碳市場如聯合國清潔發展機制（CDM）和歐盟排放交易體系（EU ETS），為國際合作提供了市場化的減排工具。透過碳市場，國家和企業可以在全球範圍內進行碳信用交易，促進成本效益更高的減排措施。

4. **全球技術與知識共享**

   國際合作還包括技術和知識的跨國界交流與共享。例如：綠色氣候基金（GCF）和全球環境基金（GEF）支持發展中國家獲取先進的低碳技術和實施減排項目，這種合作有助於縮小全球減排能力的差距，促進全球碳中和過程。

5. **公共與私營部門的協力**

   是指實現碳中和目標的另一個重要途徑。公私合作（PPP）模式和企業聯盟為各方提供了協同合作的平臺，經由資源共享和協同創新，推動永續發展。

   企業聯盟例如：RE100 和科學基礎減排目標倡議（SBTi）等，匯聚了全球領先的企業，這些企業承諾採取科學基礎的減排措施，並致力於實現 100% 使用可再生能源等目標。這些聯盟促進了企業之間的經驗分享和共同創新，並為其他企業樹立了榜樣。

6. **公私合作項目**

   政府和企業之間的合作可以促進大型減排項目的實施，例如：可再生能源基礎設施建設、智慧城市開發和碳捕捉與儲存（CCS）技術的推廣。公私合作模式可以將政府的政策支持和企業的技術與資本結合起來，提高項目的可行性和經濟效益。例如：許多國家透過 PPP 模式建設風電場、太陽能電站和電動車充電網絡，這些項目有助於加快能源轉型和減少碳排放。

7. **城市與地區合作**

   城市和地方政府作為氣候行動的前沿，經常與私營部門合作，推動低碳發展和綠色基礎設施建設。例如：C40 城市氣候領導聯盟匯集了全球主要城市的市

長,透過與企業合作推動綠色建築、低碳交通和可再生能源使用,這種合作方式已成為實現城市碳中和的重要途徑。

結論

實現全球碳中和需要多方合作,國際合作和公共與私營部門的協力是不可或缺的途徑。跨國減排協議、企業聯盟和公私合作項目等形式為全球各方提供了協作的平臺,使得碳中和目標變得更加可行。透過這些合作,各國政府、企業和城市能夠有效地整合資源、分享知識,並共同推動全球向永續發展目標邁進。這種多方協作的模式不僅有助於應對氣候變化挑戰,也為實現經濟增長與環境保護並行不悖的永續發展提供了強有力的支持。

CHAPTER 9

iPAS 碳淨零規劃管理師考試準備

9-1 iPAS 考試概述

iPAS 碳淨零規劃管理師考試是一項針對碳管理專業人士的重要國家考試，涵蓋了廣泛的內容，包括碳足跡計算、減碳策略、政策法規等領域。考生需要全面理解和掌握這些主題，以便在考試中取得好成績。以下是對考試內容和題型的詳細介紹。

碳足跡計算

1. 這部分內容要求考生理解和應用碳足跡計算的方法與工具。考生需熟悉如何計算產品、服務或企業的碳排放量，包括範疇 1（直接排放）、範疇 2（間接能源排放）和範疇 3（其他間接排放）。

2. 熟悉 GHG Protocol、ISO 14064 標準以及其他相關的碳足跡計算框架。

3. 能夠處理碳排放數據，進行分析並產出報告。

減碳策略

1. 考試涵蓋各種減碳策略的設計與實施，考生需要了解企業如何透過能源效率提升、可再生能源使用、碳捕捉與儲存（CCS）技術等手段減少碳排放。
2. 需要掌握供應鏈管理、低碳產品設計、綠色建築和低碳交通等領域的減碳實踐。
3. 瞭解減碳策略的經濟性分析、技術可行性評估以及風險管理。

政策法規

考生需了解國內外碳管理相關的政策和法規框架，包括碳交易制度、碳稅政策、可再生能源法規等。需要熟悉全球氣候協議，如《巴黎協定》，以及各國的碳中和目標和政策措施。需理解政策對企業碳管理的影響，並能夠將其應用於實際的碳管理計劃中。

考試題型

選擇題通常考察考生對基本概念和理論知識的理解。考題可能涉及計算碳足跡的公式、減碳技術的應用、政策法規的具體要求等。

案例分析題

通常是指對實際情境的分析，要求考生綜合運用所學知識來解決具體問題。這類題型可能要求考生對一個企業的碳排放情況進行評估，提出有效的減碳策略，或分析某項政策對企業的影響。考生需展示出深度分析能力和實踐應用能力，並能清晰地闡述思路和建議。

9-2 考試準備策略

1. **熟悉考試範圍**
   充分了解考試涵蓋的所有主題，確保每個部分都進行了深入學習。

2. **練習題型**
   針對選擇題和案例分析題進行針對性練習，尤其是案例分析題，需多加練習以提高解題速度和準確性。

3. **實踐應用**
   多注意實際案例，尤其是企業如何在實際運營中應用碳管理策略。這有助於在案例分析題中提供更具說服力的解答。

4. **保持更新**
   政策法規和技術趨勢經常變化，考生應保持對最新資訊的敏感度，確保在考試中能應對最新的題目要求。

透過對 iPAS 碳淨零規劃管理師考試內容和題型的深入了解和準備，考生可以更有信心地應對考試，並為成為一名合格的碳管理專業人士打下堅實基礎。

9-3 考試技巧與注意事項

答題策略和注意事項

在 iPAS 碳淨零規劃管理師考試中，掌握答題技巧是取得好成績的關鍵。考生需避免審題不清、答題過快或耗時過長等常見錯誤，這些問題可能影響考試表現。以下是一些實用的答題技巧，幫助考生提高效率，確保答案符合評分標準並在限定時間內完成。

1. **審題技巧**

   應仔細閱讀題目，理解要求，尤其是題目中的關鍵詞，如「分析」、「比較」、「說明」等。這些詞決定了答案的思考方式。

2. **答題速度與時間管理**

   案例分析題則需更多時間思考和組織答案，選出最接近的分析選項。

結論

掌握答題技巧、合理分配考試時間並避免常見錯誤，是成功通過 iPAS 碳淨零規劃管理師考試的關鍵。考生應仔細審題、結構化組織答案，並在答題過程中靈活調整策略。

▲ 證書樣式

9-4 iPAS 淨零碳規劃管理師範例試題

(　　) 1. 全球氣候變化的主要影響不包括以下哪一項？
　　　　(A) 海平面上升　　　　　　　(B) 極端天氣事件頻繁發生
　　　　(C) 地震頻率增加　　　　　　(D) 生態系統破壞

(　　) 2. 碳淨零的定義是什麼？
　　　　(A) 完全停止所有碳排放
　　　　(B) 碳排放量等於碳去除量
　　　　(C) 減少碳排放至 10% 的初始水平
　　　　(D) 所有碳排放透過技術手段捕捉和利用

(　　) 3. 以下哪一項屬於範圍 1 的碳排放？
　　　　(A) 來自購買的電力　　　　　(B) 燃料燃燒的直接排放
　　　　(C) 供應鏈間接排放　　　　　(D) 廢棄物處理的間接排放

(　　) 4. GHG Protocol 是指什麼？
　　　　(A) 全球溫室氣體協議
　　　　(B) 全球健康指南
　　　　(C) 溫室氣體盤查和報告的全球標準框架
　　　　(D) 綠色環境保護協議

(　　) 5. 以下哪一項不屬於可再生能源？
　　　　(A) 太陽能　　　　　　　　　(B) 風能
　　　　(C) 生物能　　　　　　　　　(D) 核能

(　　) 6. 碳捕捉與封存（CCS）技術的主要目的是什麼？
　　　　(A) 提高能源效率　　　　　　(B) 減少廢棄物產生
　　　　(C) 捕捉並長期封存二氧化碳　(D) 提供可再生能源

(　　) 7. 碳管理的主要目標是什麼？
　　　　(A) 增加碳排放　　　　　　　(B) 減少碳排放
　　　　(C) 維持碳排放穩定　　　　　(D) 停止所有碳排放活動

(　　) 8. PDCA 循環的四個階段是什麼？
　　　　(A) 計劃、執行、檢查、行動　　　(B) 計劃、決策、檢查、行動
　　　　(C) 決策、執行、控制、行動　　　(D) 計劃、執行、控制、行動

(　　) 9. 《巴黎協定》的主要目標是什麼？
　　　　(A) 將全球平均氣溫上升幅度控制在工業化前水平以上 2 攝氏度以內
　　　　(B) 將全球碳排放減少至零
　　　　(C) 停止所有化石燃料的使用
　　　　(D) 增加森林覆蓋率

(　　) 10. 排放交易體系（ETS）的運作方式是什麼？
　　　　(A) 企業根據自願減排目標進行交易
　　　　(B) 設定排放限額並允許排放權交易
　　　　(C) 企業根據政府指令進行交易
　　　　(D) 設定減排目標並直接控制排放量

(　　) 11. 最佳實踐是指什麼？
　　　　(A) 實踐中最容易實現的策略
　　　　(B) 實踐中證明能夠有效達成目標的策略、方法和措施
　　　　(C) 實踐中最便宜的策略
　　　　(D) 實踐中最簡單的策略

(　　) 12. KPI（關鍵績效指標）的作用是什麼？
　　　　(A) 評估市場趨勢
　　　　(B) 衡量組織在達成其目標過程中的績效
　　　　(C) 控制企業支出
　　　　(D) 增加企業收入

(　　) 13. 碳管理軟體的主要功能不包括以下哪一項？
　　　　(A) 計算碳排放　　　　　　　　　(B) 管理碳排放數據
　　　　(C) 報告碳排放　　　　　　　　　(D) 增加碳排放

(　　) 14. MOOC（大型開放式線上課程）的主要優勢是什麼？
　　　　(A) 提供大量學習資源的線上平台　(B) 提供面對面的教學
　　　　(C) 提供專業資格認證　　　　　　(D) 提供實地考察機會

(　　) 15. 直接空氣捕捉技術的主要目的是什麼？
　　　　 (A) 從工業排放中捕捉二氧化碳
　　　　 (B) 直接從大氣中捕捉二氧化碳
　　　　 (C) 提高可再生能源利用效率
　　　　 (D) 減少交通運輸中的碳排放

(　　) 16. 綠色經濟的定義是什麼？
　　　　 (A) 以永續發展和減少環境風險為基礎的經濟模式
　　　　 (B) 以增加碳排放為目標的經濟模式
　　　　 (C) 以快速經濟增長為唯一目標的經濟模式
　　　　 (D) 以減少貧困為唯一目標的經濟模式

(　　) 17. 碳管理工具和軟體介紹的主要目的是什麼？
　　　　 (A) 增加碳排放
　　　　 (B) 減少企業成本
　　　　 (C) 幫助企業有效計算和管理碳排放
　　　　 (D) 增加企業收入

(　　) 18. 常見問題與解答部分的主要作用是什麼？
　　　　 (A) 解答考試常見問題
　　　　 (B) 提供碳管理實踐中的建議
　　　　 (C) 提供技術支持
　　　　 (D) 提供商業建議

(　　) 19. 以下何者是屬於組織型溫室氣體盤查的類別 1 的排放源？
　　　　 (A) 員工出差　　　　　　　　(B) 鍋爐
　　　　 (C) 外購電力　　　　　　　　(D) 採購原物料

(　　) 20. 我國於 2022 年 3 月正式公布「臺灣 2050 淨零排放路徑藍圖」，提供至 2050 年淨零之軌跡與行動路徑，其中包括有四大轉型策略，但「不包含」以下何者？
　　　　 (A) 社會轉型　　　　　　　　(B) 能源轉型
　　　　 (C) 生活轉型　　　　　　　　(D) 教育轉型

(　　) 21. 依據 ISO 14040 國際標準之定義，生命週期評估可分為四個階段，請問以下何者不屬於生命週期評估之階段？
(A) 目標與範疇界定　　　　　(B) 盤查分析
(C) 衝擊評估　　　　　　　　(D) 查證確認

(　　) 22. 溫室氣體盤查的類別 1 直接排放與類別 2 外購能源間接排放，屬於產品生命週期的哪一階段？
(A) 原料取得階段　　　　　　(B) 生產製造階段
(C) 配銷階段　　　　　　　　(D) 產品使用階段

(　　) 23. 溫室氣體盤查議定書（GHG Protocol）包括兩種組織邊界設定方法，以下何者為非？
(A) 刪除法　　　　　　　　　(B) 控制法
(C) 股權比例法　　　　　　　(D) 以上皆是

(　　) 24. 下列何者為 ISO14064-1:2018 強制要求應揭露項目？
(A) 外購電力之上游間接排放　(B) 生物源二氧化碳移除之處理
(C) 廢水產生的汙泥處理排放　(D) 以上皆是

(　　) 25. 針對支持未來盤查活動結果的聲明之各項假設、限制及方法之合理性進行之評估過程是？
(A) 確證活動　　　　　　　　(B) 假設活動
(C) 查證活動　　　　　　　　(D) 以上皆是

(　　) 26. 永續揭露準則第 S2 號「氣候相關揭露」，要求企業應揭露那些範疇之排放量？
(A) 範疇 1　　　　　　　　　(B) 範疇 1+2
(C) 範疇 1+2+3　　　　　　　(D) 以上皆非

(　　) 27. 企業盤查碳排放量涉及土地使用、土地使用變化及林業 (LULUCF) 直接排放與移除時，通常設定採行措施後之期間以幾年為宜？
(A) 10 年　　　　　　　　　　(B) 20 年
(C) 100 年　　　　　　　　　 (D) 以上皆非

(　　) 28. A 公司為實收資本額 60 億的上櫃公司。依金管會規定 A 公司必須完成盤查並於民國哪一年開始申報？
(A) 113 年　　　　　　　　　(B) 114 年
(C) 115 年　　　　　　　　　(D) 116 年

(　　) 29. A 公司為自行車廠商，如果進行組織碳盤查後發現主要碳排熱點為進口的鋁車架組件，原因是製造過程需使用大量電力進行熔煉鋁材。請問這是屬於哪種排放類別之盤查？
(A) 類別四：由資產使用產生之排放
(B) 類別三：由貨物上游運輸與分配產生之排放
(C) 類別四：由採購之貨物產生之排放
(D) 以上皆非

(　　) 30. 環境部已於 113 年 2 月 5 日「溫室氣體排放係數」，並採用 IPCC 第幾次評估所公告之溫室氣體暖化潛勢？
(A) AR4　　　　　　　　　　(B) AR5
(C) AR6　　　　　　　　　　(D) 以上皆非

(　　) 31. 內部查證時發現因鍋爐由原本使用燃油改用天然氣致使總排放量較基準年減少 3.5% 時，需重新調整計算溫室氣體基準年排放量。請問這是引用盤查的何種門檻標準呢？
(A) 申報門檻　　　　　　　　(B) 顯著性門檻
(C) 實質性門檻　　　　　　　(D) 排除門檻

(　　) 32. 溫室氣體排放量盤查登錄及查驗管理辦法規定，事業溫室氣體總排放量應計算四捨五入至小數點後第幾位？
(A) 第 10 位　　　　　　　　(B) 第 4 位
(C) 第 3 位　　　　　　　　　(D) 以上皆非

(　　) 33. A 公司在溫盤報告書提到盤查的範圍包含廠區地址與 GOOGLE 衛星地圖。請問這段描述內容描述的是界定何種邊界？
(A) 組織邊界　　　　　　　　(B) 報告邊界
(C) 營運邊界　　　　　　　　(D) 以上皆是

(　　) 34. 公司去年耗用乙炔 C_2H_2（分子量 26）100 公斤用於熔接作業上。請問依質量平衡法之計算下，該熔接作業總共會排放多少公斤之二氧化碳？
(A) 366.6667 公斤　　　　　　　(B) 36.6667 公斤
(C) 3.6667 公斤　　　　　　　　(D) 以上皆非

(　　) 35. 公司餐廳 2023 年使用 5 瓶液化石油氣（每瓶填充量 20 公斤）用於員工午餐烹煮。請問該排放源總共會排放多少公斤之二氧化碳當量？
(A) 221.0000 公斤　　　　　　　(B) 45.3000 公斤
(C) 401.7780 公斤　　　　　　　(D) 以上皆非

(　　) 36. 世界各國於 1997 年簽署了共同減少溫室氣體排放的協議，該協議的名稱是？
(A) 京都議定書　　　　　　　　(B) 巴黎協定
(C) 哥本哈根協議　　　　　　　(D) 蒙特婁議定書

(　　) 37. 國際碳市場初期限定的產業包括下列哪一種？
(A) 煉油業　　　　　　　　　　(B) 建材業
(C) 鋼鐵業　　　　　　　　　　(D) 以上皆是

(　　) 38. 根據國內環保署規定，被列為高碳排放者的二氧化碳當量年排放量需達到多少？
(A) 2.5 萬噸　　　　　　　　　(B) 3 萬噸
(C) 4 萬噸　　　　　　　　　　(D) 5 萬噸

(　　) 39. 第 21 屆締約方大會（COP21）簽訂的《巴黎協定》，目標是將全球平均氣溫升高控制在攝氏幾度以內？
(A) 1 度　　　　　　　　　　　(B) 1.5 度
(C) 2 度　　　　　　　　　　　(D) 2.5 度

(　　) 40. 造成全球暖化的主要原因是什麼？
(A) 化石燃料的燃燒　　　　　　(B) 溫室氣體的增加
(C) 太陽活動的變化　　　　　　(D) 地球自轉速度的改變

(　　) 41. 大氣中的二氧化碳（CO_2）含量增加，會導致什麼結果？
(A) 全球氣溫上升　　　　　　　(B) 臭氧層破洞擴大
(C) 降雨量減少　　　　　　　　(D) 海平面下降

(　　) 42. 《聯合國氣候變化綱要公約》規定簽約國限制下列哪種氣體的排放？
(A) 二氧化碳　　　　　　　(B) 氮氣
(C) 氧氣　　　　　　　　　(D) 氫氣

(　　) 43. 在第 26 屆聯合國氣候變遷大會（COP26）中，設定將全球平均氣溫升高控制在攝氏幾度以內？
(A) 1 度　　　　　　　　　(B) 1.5 度
(C) 2 度　　　　　　　　　(D) 2.5 度

(　　) 44. 「碳中和」是指在一定時間內，透過何種方式抵消溫室氣體的排放總量？
(A) 植樹造林　　　　　　　(B) 發展再生能源
(C) 提高能源效率　　　　　(D) 以上皆是

(　　) 45. 根據《氣候變遷因應法》，企業可提出哪種計劃以獲得優惠措施？
(A) 自主減量計畫　　　　　(B) 供應鏈減量計畫
(C) 碳足跡減量計畫　　　　(D) 節能減排計畫

(　　) 46. 為了阻止地球持續升溫，聯合國制定的 17 項永續發展目標中，哪一項直接與減緩氣候變遷有關？
(A) 第 8 項：體面工作和經濟增長
(B) 第 12 項：責任消費與生產
(C) 第 13 項：氣候行動
(D) 第 17 項：夥伴關係促進目標達成

(　　) 47. 下列何者不是國際公認的溫室氣體？
(A) 二氧化碳（CO_2）　　(B) 甲烷（CH_4）
(C) 一氧化二氮（N_2O）　(D) 一氧化氮（NO）

(　　) 48. 在計算「碳中和」時，以下哪一項不屬於人為或自然的移除量？
(A) 燃燒化石燃料　　　　　(B) 碳捕集技術
(C) 森林碳匯　　　　　　　(D) 海洋吸收

(　　) 49. 一般來說，二氧化碳濃度每增加 100 ppm，將使全球氣溫上升約多少攝氏度？
(A) 0.3°C　　　　　　　　 (B) 0.5°C
(C) 0.8°C　　　　　　　　 (D) 1°C

(　　) 50. 溫室氣體的移除方法，以下哪一項不是？
　　　　(A) 植物進行光合作用　　　　(B) 海洋生物吸收
　　　　(C) 機器智慧化生產　　　　　(D) 土壤中有機物質的吸收

（試題來源：經濟部產業發展署及自訂）

1	2	3	4	5	6	7	8	9	10
C	B	B	C	D	C	B	A	A	B
11	12	13	14	15	16	17	18	19	20
B	B	D	A	B	A	C	A	B	D
21	22	23	24	25	26	27	28	29	30
D	B	A	B	A	C	B	C	C	B
31	32	33	34	35	36	37	38	39	40
B	C	A	A	C	A	D	A	B	B
41	42	43	44	45	46	47	48	49	50
A	A	B	D	A	C	D	A	A	C

附錄

附錄 A 凝聚全球的力量：COP29 為氣候未來注入新希望

▲ 圖片來源：https://www.unido.org/events/unidocop29

當氣候危機的陰影日益加深，全球的目光聚焦於亞塞拜然首都巴庫，聯合國氣候變遷綱要公約第 29 次締約方會議（COP29）成為重塑全球氣候行動的關鍵時刻。各國領袖、科學家與氣候行動者齊聚一堂，肩負著為人類未來找到出路的使命。

核心議題之一是如何進一步推動《巴黎協定》第六條（Article 6）的執行。第六條包括市場機制（第 6.2 和第 6.4 條）及非市場方法（第 6.8 條），為各國、企業及其他實體提供減碳框架，協助實現各國的國家自主貢獻（NDC）目標。以下三個關鍵部分：

1. 第 6.2 條 —— 國際可轉讓減緩成果（Internationally Transferred Mitigation Outcomes, ITMOs）：該條款規範跨國交易的碳減排成果，旨在促進國際間的合作減碳。

2. 第 6.4 條 —— 巴黎協定額度機制（Paris Agreement Crediting Mechanism, PACM）：此機制為一種改良的市場機制，源於 1997 年京都議定書中的清潔發展機制（Clean Development Mechanism, CDM）。

3. 第 6.8 條 —— 非市場方法（Non-Market Approaches, NMAs）：該部分重點在於推動非市場的合作模式，例如技術共享、能力建設及政策協調，補充市場機制的不足。

💡 重新定義氣候金融：承諾與責任

承諾不是終點，而是起點。在巴庫會場內，氣候金融成為焦點。針對發展中國家對資金與公平的呼籲，會議制定了新的氣候金融量化目標（NCQG），從每年 1,000 億美元的舊承諾擴展至 1 兆美元，為最脆弱的地區提供資金支持，推動轉型與適應。這不僅是一筆資金，更是全球責任與團結的象徵。

氣候金融是本次 COP29 的核心議題之一，此次會議因而被稱為「金融 COP」（Finance COP）。討論的重點包括如何設立新的、多元來源的氣候資金，例如「新集體量化目標」（New Collective Quantified Goal, NCQG），以及推動「混合融資」（Blended Finance），即將公共資金與私人資金結合，用於支持氣候投資。以下兩個方面進行探討：

1. NCQG（新集體量化目標）

    NCQG 是對於現有氣候資金框架的一次升級，旨在於 2025 年後取代現行每年 1000 億美元的氣候資金承諾。分析 NCQG 如何反映發展中國家對氣候資金的需求，並兼顧先進國家在資金籌集與分配上的責任，以確保氣候資金的公平性和充足性。

2. 混合融資（Blended Finance）

    混合融資是將公共資金作為槓桿，吸引更多私人資金投入氣候相關領域的一種策略。解析混合融資的運作模式，包括風險分攤、收益增強等機制，以及其在支持可再生能源、氣候適應和碳減排項目。

💡 碳市場的希望：合作與創新

巴黎協定第 6 條的細則終於在此次會議上獲得通過，建立了全球碳信用交易框架，為減碳行動注入經濟激勵，成為碳市場發展的里程碑。這一突破展現了全球合作的力量，為跨國減排合作提供了新契機，顯示出氣候挑戰並非不可逾越。

💡 化石燃料的抉擇：轉型與堅守

化石燃料的角色成為會議中激烈討論的議題。如何減少化石燃料對政策的影響、加速向清潔能源轉型，是許多國家面臨的艱難選擇。然而，全球共識正在逐步形成：是時候告別高碳排放的過去，擁抱永續的未來。

氣候行動與和平：巴庫的呼聲

巴庫氣候行動倡議將氣候變遷與全球和平聯繫起來，強調氣候危機對水資源、糧食安全和地區穩定的威脅。與會者一致認為，各國必須攜手應對這些挑戰，為未來世代創造穩定與和平的環境。

聯合國環境規劃署（UNEP）於 2024 年 10 月 24 日發布的《2024 年排放差距報告》指出，若各國僅依現行政策推進，全球氣溫在本世紀末可能上升至 3.1°C，遠超過《巴黎協定》設定的 1.5°C 目標。

報告強調，為實現 1.5°C 的目標，全球必須在 2030 年前將溫室氣體年排放量減少 42%，到 2035 年減少 57%。

若不採取更積極的減排行動，全球將面臨更頻繁且強烈的極端天氣事件、海平面上升和生態系統破壞等嚴重影響。因此，各國需加速推動更嚴格的減排政策，以實現《巴黎協定》所設定的目標，避免不可逆轉的氣候變遷影響。

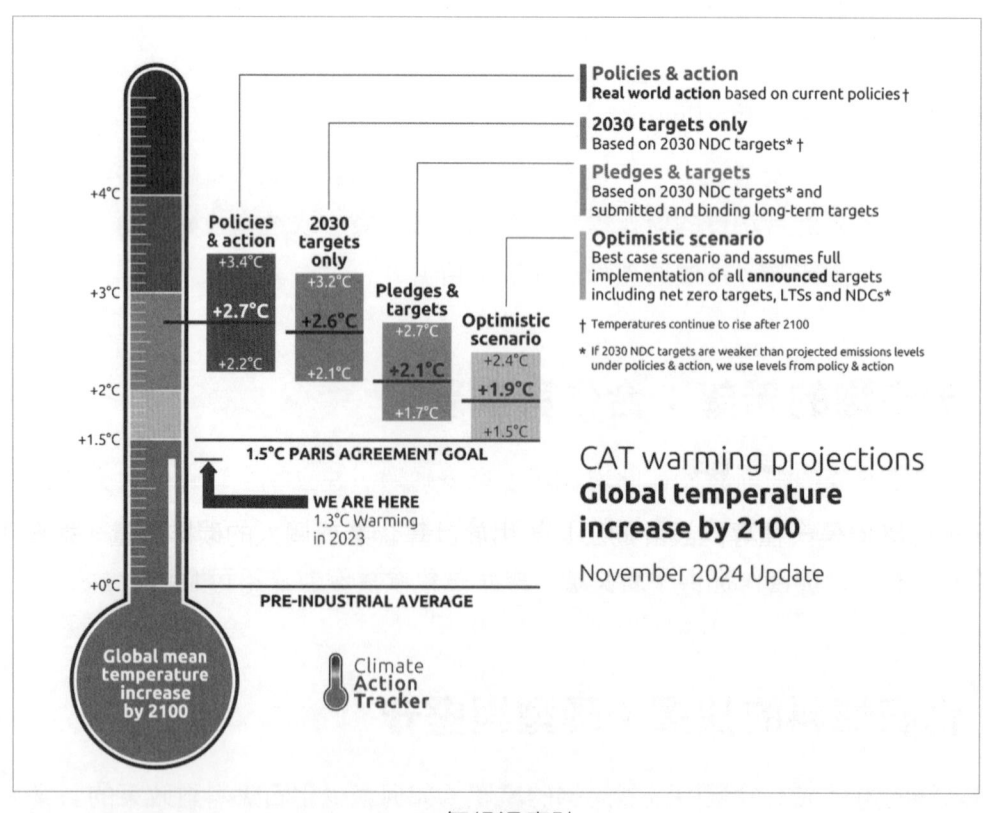

▲ 氣候溫度計

圖片來源：https://climateactiontracker.org/global/cat-thermometer/

💡 公眾的呼聲：改變的動力

會場外，氣候活動人士的聲音響徹雲霄。他們要求領導人不僅承諾，還要兌現行動。這些抗議聲音成為會議的另一股推動力量，提醒著與會者地球的未來掌握在當下的行動中。

💡 承載希望的巴庫

COP29 是一次具有轉折意義的會議，其成果從氣候金融目標升級到碳市場規範，從化石燃料的反思到和平行動的倡議為全球氣候行動注入新的希望。巴庫，這座見證歷史的城市，成為全球共同抗擊氣候危機的重要象徵。

未來仍然充滿挑戰，但 COP29 傳遞出一個清晰的資訊：只要全球攜手，真誠行動，我們就有能力為後代留下永續的地球，共創一個不懼氣候危機的未來。

附錄 B 碳管理工具和軟體介紹

碳管理工具在當今企業和個人推動永續發展和減少碳排放的努力中扮演著重要角色。這些工具幫助使用者計算碳足跡、制定減排策略並有效管理碳排放。以下介紹市場上常見的碳管理工具及其使用方法，包括碳足跡計算器和碳管理軟體。

💡 碳足跡計算器

碳足跡計算器是一種專門設計的工具，用於計算企業或個人的碳排放量。這些工具通常基於輸入的數據，如能源消耗、交通使用和廢棄物處理，來計算總體碳排放量。

使用方法

1. **輸入數據**

    用戶需要輸入相關活動的數據，例如：電力使用量、交通里程、燃料消耗量等。這些數據通常需要按月或按年輸入，具體取決於計算器的設置。

2. **選擇排放因子**

   計算器會自動應用與各種活動相關的排放因子,這些因子根據不同的能源來源、交通工具類型等而有所不同。某些高級工具允許用戶自定義排放因子,以反映特定的情境或地區差異。

3. **報告產出**

   計算器會產出一份詳細報告,顯示用戶的總碳足跡以及各類活動對碳排放的貢獻。這些報告通常包括圖表和數據分析,幫助用戶理解其碳排放分布。

4. **分析和比較**

   用戶可以透過計算器提供的功能,分析不同情境下的碳排放(如更換能源來源或減少交通),並比較各種減排選項的潛在效果。

常見工具

1. **CoolClimate Network Calculator**

   一個由加州大學伯克利分校開發的碳足跡計算器,針對個人和家庭設計,涵蓋能源、交通、食品和消費等多個方面。

2. **Carbon Trust Footprint Calculator**

   適用於企業的碳足跡計算器,能夠計算各種商業活動的碳排放,並提供減排建議。

💡 碳管理軟體

碳管理軟體是一種更全面的工具,專為企業設計,用於管理和減少其碳排放。這些軟體通常提供更廣泛的功能,例如:數據管理、報告產出、減排策略建議、合規性管理等。

使用方法

1. **初始設置**

   企業需要在軟體中設置其業務範圍和活動類型,並配置相應的排放源和計算模型。這通常包括輸入企業的運營數據,例如:能源使用、原材料消耗、物流和供應鏈管理等。

2. **數據輸入與監控**

   企業可以透過自動或手動方式將運營數據輸入到軟體中。高級軟體通常支持與企業的能源管理系統集成，自動獲取和更新數據。

3. **碳排放計算**

   軟體根據輸入的數據計算企業的總碳排放，並將其分解為不同範疇（如範疇 1、範疇 2、範疇 3）的排放。這些範疇通常涵蓋直接排放、間接排放和供應鏈排放。

4. **報告產出**

   軟體可以產出合規性報告、永續發展報告和碳排放報告，這些報告通常遵循國際標準（如 GHG Protocol、ISO 14064）進行編制。

5. **減排策略制定**

   許多碳管理軟體提供減排策略建議，基於碳足跡數據和企業目標，提出具體的減排措施，例如：提高能源效率、採用可再生能源、改善物流等。

6. **合規性和政策管理**

   軟體通常內建最新的法規和標準，幫助企業確保其碳管理活動符合各地法律要求，並提供合規性審計和風險管理工具。

常見工具

1. **Sphera**

   一款綜合性的碳管理軟體，適合大中型企業，支持全範圍碳排放計算和永續發展報告產出，並提供多種減排策略建議。

2. **Envizi**

   這是一款強大的環境數據管理和碳管理工具，支持企業進行碳排放監測、合規性管理和報告產出，並能與企業的其他管理系統集成。

3. **EcoAct**

   一款專業的碳管理工具，專注於幫助企業實現碳中和目標，提供詳盡的碳排放計算和減排策略，並支持跨國企業的全球碳管理需求。

結論

碳足跡計算器和碳管理軟體是企業和個人進行碳排放管理和減排策略制定的重要工具。透過這些工具，用戶可以準確計算碳排放、分析減排選項、產出合規報告，並制定有效的減排策略。隨著這些工具的不斷發展，企業和個人將能夠更高效地管理碳排放，推動永續發展目標的實現。

附錄 C 專業名詞解釋

GHG Protocol

溫室氣體盤查和報告的全球標準框架，由世界資源研究所（WRI）和世界永續發展工商理事會（WBCSD）共同制定。該框架為企業和政府提供了計算和報告溫室氣體排放的方法和工具。

ISO 14064

國際標準化組織（ISO）發布的溫室氣體管理和減排標準，包括組織層面和項目層面的標準。ISO 14064 標準為企業提供了制定和實施溫室氣體管理計劃的指南。

KPI（關鍵績效指標）

用於衡量組織在達成其目標過程中的績效的量化指標。KPI 的設定和監測可以幫助企業評估碳管理措施的效果。

MOOC（大型開放式線上課程）

提供大量學習資源的線上平台，涵蓋各種主題和領域。透過 MOOC 課程，企業和個人可以學習最新的碳管理知識和技術。

PDCA 循環

計劃（Plan）、執行（Do）、檢查（Check）、行動（Act），一種持續改進的管理方法。PDCA 循環幫助組織在碳管理過程中不斷改進和最佳化。

二氧化碳當量（carbon dioxide equivalent, CO₂e）

供比較溫室氣體相對於二氧化碳造成的輻射衝擊之單位。

※ 說明：二氧化碳當量係使用特定溫室氣體之質量乘以其全球暖化潛勢計算而得。
溫室氣體排放量（CO₂e）＝ Σ（活動數據 × 排放係數 ×GWP）

不確定性（uncertainty）

與量化之結果相關連的參數，可將數值之分散性特性化，可合理計量為量化值。

※ 說明：不確定性資訊一般為說明數值的分散性之定量估計，以及分散性的可能原因之定性敘述。

六西格瑪

一種以數據為基礎的品質管理方法，透過減少變異和缺陷，提升品質和效率。六西格瑪方法可以應用於碳管理過程中的流程改善和問題解決。

巴黎協定

2015年簽署的國際氣候協議，旨在將全球平均氣溫上升幅度控制在工業化前水平以上2攝氏度以內，並努力將其限制在1.5攝氏度以內。協定要求各國制定和實施相應的減排目標和政策。

可再生能源

來自自然界並且能夠持續再生的能源，例如：太陽能、風能、生物能等。可再生能源的使用可以減少對化石燃料的依賴，降低碳排放。

全球氣候變化

1. **氣候變化**

    是指地球氣候系統的長期變化，包括溫度、降水、風等的變化。這些變化可能是自然因素和人為活動共同作用的結果，對全球環境和人類社會產生深遠影響。

2. **極端天氣事件**

    如颱風、洪水、乾旱等，頻率和強度因氣候變化而增加。極端天氣事件的增加給人類社會帶來了嚴重的經濟損失和人道主義危機。

全球暖化潛勢（global warming potential, GWP）

依據溫室氣體輻射性質之指數，係量測於當天大氣中一特定溫室氣體於輻射衝擊後，經選定之時間界限後彙總得到相對於相等單位的二氧化碳 (CO_2) 之單位質量脈衝排放量。

次級數據（secondary data）

由原始數據以外的來源獲得之數據。

直接空氣捕捉

一種技術，直接從大氣中捕捉二氧化碳，並進行封存或利用。直接空氣捕捉技術具有潛力成為未來碳管理的重要手段。

直接溫室氣體排放（direct greenhouse gas emission, direct GHG emission）

來自組織所擁有或控制的溫室氣體源之溫室氣體排放。

保證等級（level of assurance）

溫室氣體聲明之信賴度。

查證（verification）

對根據歷史數據與資訊作成之聲明，判定此聲明是否屬實正確並符合準則，進行之評估過程。

重大間接溫室氣體排放（significant indirect greenhouse gas emission initiative, significant indirect GHG emission）

經組織予以量化及報告，符合該組織訂定之重大性準則之溫室氣體排放。

原始數據（primary data）

一過程或活動由直接量測或依據直接量測之計算，所獲得之定量值。

※ 說明：原始數據可包括溫室氣體排放係數或溫室氣體移除係數及（或）溫室氣體活動數據。

特定場域數據（site-specific data）

於組織邊界範圍內所獲得之原始數據。

※ 説明：所有特定場域數據為原始數據，惟並非所有原始數據均為特定場域數據。

能效提升

透過提高設備和系統的能源利用效率，減少能源消耗和碳排放。能效提升可以透過更新設備、最佳化工藝流程和採用智慧控制技術來實現。

基準年（base year）

為比較溫室氣體排放或溫室氣體移除或其他溫室氣體的相關逐時資訊之目的，所鑑別出的特定之歷史期間。

排放交易體系（ETS）

一種市場機制，透過設定排放限額並允許排放權交易，以經濟激勵方式推動減排。ETS 系統包括歐盟排放交易體系（EU ETS）等，為企業提供了靈活的減碳排的手段。

清潔發展機制（CDM）

《京都議定書》下的一種機制，允許先進國家透過在發展中國家投資減排項目，獲得碳信用。CDM 項目包括可再生能源、生態保護和能源效率提升等領域。

組織邊界（organizational boundary）

可在組織內運用營運或財務管控或具有股權持分的歸類之活動或設施。

報告邊界（reporting boundary）

由組織邊界內所提報歸類的溫室氣體排放或溫室氣體移除，以及由組織之營運與活動引起的重大間接排放。

最佳實踐

在實踐中證明能夠有效達成目標的策略、方法和措施。最佳實踐的分享有助於其他企業借鑒成功經驗，提升碳管理水平。

間接溫室氣體排放
（indirect greenhouse gas emission, indirect GHG emission）

由組織之營運與活動產生的溫室氣體排放，惟該排放係來自非屬組織所擁有或控制的溫室氣體源。

溫室氣體（greenhouse gas, GHG）

自然與人為產生的大氣氣體成分，可吸收與釋放由地球表面、大氣及雲層所釋放出的紅外線輻射 光譜範圍內特定波長之輻射。

溫室氣體活動數據
（greenhouse gas activity data, GHG activity data）

造成溫室氣體排放或溫室氣體移除的活動之定量量測值。例：消耗的能源、燃料或電量、生產之物料量、提供之服務、受影響土地之面積。

溫室氣體排放係數
（greenhouse gas emission factor, GHG emission factor）

與溫室氣體排放的溫室氣體活動數據有關之係數。

溫室氣體源（greenhouse gas source, GHG source）

釋放溫室氣體進入大氣之過程。

碳足跡

個人、組織或產品在其生命週期內直接或間接產生的溫室氣體排放量，通常以二氧化碳當量（CO2e）表示。碳足跡的計算有助於量化碳排放，制定減排目標和策略。

碳抵消

透過投資於減排項目，例如：植樹造林或可再生能源項目，抵消自身的碳排放。碳抵消是一種彌補無法消除的碳排放的方法。

碳信用

一種可交易的單位，代表從大氣中減少或避免了一定量的二氧化碳排放，通常以一噸二氧化碳當量為單位。碳信用市場允許企業經由交易來達到減排目標。

碳捕捉與封存（CCS）

捕捉二氧化碳並將其長期封存於地下或海底的技術。CCS 技術可以應用於工業排放源和燃燒過程，減少二氧化碳排放量。

碳排放源

1. **直接排放（範疇 1）**

   來自燃料燃燒、工業過程等的排放。這些排放是企業內部活動的直接結果，如鍋爐燃燒、車輛運行等。

2. **間接排放（範疇 2）**

   來自購買的電力、蒸汽、熱水和冷卻的排放。這些排放是企業購買能源所間接導致的，如電力消耗所產生的碳排放。

3. **間接排放（範疇 3）**

   來自供應鏈、運輸、廢棄物處理等的排放。這些排放涵蓋了企業供應鏈和產品生命周期中的所有碳排放，例如：原材料生產、產品運輸、使用和廢棄等。

碳淨零

是指一個系統在特定時間內，其排放的溫室氣體量與透過碳捕捉、封存和碳抵消等方式從大氣中去除的溫室氣體量相等。實現碳淨零需要全社會共同努力，包括減少碳排放和增加碳吸收。

碳管理

組織為減少其碳排放而制定和實施的戰略、政策和措施。碳管理包括碳排放盤查、目標設定、行動計劃、監測和報告等環節。

碳管理軟體

用於計算、管理和報告碳排放的軟體工具，幫助組織實施碳管理策略。碳管理軟體可以自動化數據收集和分析，提高碳管理效率。

綠色經濟

以永續發展和減少環境風險為基礎的經濟模式。綠色經濟推動了環保技術和可再生能源的發展，創造了新的經濟增長點。

碳淨零規劃管理全面指南｜從理論到實踐，全面掌握碳淨零策略

作　　　者：何毓仁
企劃編輯：郭季柔
文字編輯：王雅雯
設計裝幀：張寶莉
發 行 人：廖文良

發 行 所：碁峰資訊股份有限公司
地　　　址：台北市南港區三重路 66 號 7 樓之 6
電　　　話：(02)2788-2408
傳　　　真：(02)8192-4433
網　　　站：www.gotop.com.tw
書　　　號：ACR013200
版　　　次：2025 年 02 月初版
建議售價：NT$590

國家圖書館出版品預行編目資料

碳淨零規劃管理全面指南：從理論到實踐，全面掌握碳淨零策略
  / 何毓仁著. -- 初版. -- 臺北市：碁峰資訊, 2025.02
    面 ；　公分
  ISBN 978-626-324-998-1(平裝)
  1.CST：碳排放　2.CST：公共政策　3.CST：環境保護
  4.CST：永續發展
445.92   114000424

商標聲明：本書所引用之國內外公司各商標、商品名稱、網站畫面，其權利分屬合法註冊公司所有，絕無侵權之意，特此聲明。

版權聲明：本著作物內容僅授權合法持有本書之讀者學習所用，非經本書作者或碁峰資訊股份有限公司正式授權，不得以任何形式複製、抄襲、轉載或透過網路散佈其內容。
版權所有‧翻印必究

本書是根據寫作當時的資料撰寫而成，日後若因資料更新導致與書籍內容有所差異，敬請見諒。若是軟、硬體問題，請您直接與軟、硬體廠商聯絡。